Nils Lücke

# Zum Langzeitverhalten elektrischer Steckverbindungen mit Kupfer-Beryllium-Kontaktlamellen



**TUD***press*

Nils Lücke

# Zum Langzeitverhalten elektrischer Steckverbindungen mit Kupfer-Beryllium-Kontaktlamellen

TUDpress
2014

Die vorliegende Arbeit wurde am 25. Oktober 2013 an der Fakultät Elektrotechnik und Informationstechnik der Technischen Universität Dresden als Dissertation eingereicht und am 07. März 2014 verteidigt.

Vorsitzender der Promotionskommission:
Prof. Dr.-Ing. habil. Zerna

Gutachter:
Prof. Dr.-Ing. Großmann
Prof. Dr.-Ing. Schoenemann

Bibliografische Information der Deutschen Nationalbibliothek
Die Deutsche Nationalbibliothek verzeichnet diese Publikation in der Deutschen Nationalbibliografie; detaillierte bibliografische Daten sind im Internet über http://dnb.d-nb.de abrufbar.

Bibliographic information published by the Deutsche Nationalbibliothek
The Deutsche Nationalbibliothek lists this publication in the Deutsche Nationalbibliografie; detailed bibliographic data are available in the Internet at http://dnb.d-nb.de.

ISBN 978-3-944331-75-1


Verlag der Wissenschaften GmbH
Bergstr. 70 | D-01069 Dresden
Tel.: 0351/47 96 97 20 | Fax: 0351/47 96 08 19
http://www.tudpress.de


Gesetzt vom Autor.
Printed in Germany.

# Vorwort

Die vorliegende Dissertation entstand während eines Forschungsprojekts mit der Multi-Contact AG am Institut für Elektrische Energieversorgung und Hochspannungstechnik der Technischen Universität Dresden.

Mein besonderer Dank gilt Herrn Dr. Helmut Löbl für die wissenschaftliche Betreuung dieser Arbeit. Seine Bereitschaft zu fachlichen Diskussionen und seine konstruktiven Hinweise gaben vielfach Impulse für differenzierte Analysen und alternative Denkansätze.

Weiterhin danke ich dem betreuenden Hochschullehrer Herrn Prof. Großmann für die sehr guten Rahmenbedingungen an der Professur für Hochspannungs- und Hochstromtechnik, die bereitwillige Unterstützung bei fachlichen und organisatorischen Fragen sowie die Übernahme eines Gutachtens für diese Arbeit.

Ich danke der Multi-Contact AG für die Möglichkeit, in einem interessanten Forschungsprojekt die für diese Arbeit wesentlichen Erkenntnisse entwickeln zu können. Bei den Herren George Freudiger, Tom Kufner und Dr. Falk Blumenroth bedanke ich mich für die konstruktiven Diskussionen und für das große Interesse an den erreichten Ergebnissen.

Mein weiterer Dank gilt Herrn Prof. Thomas Schoenemann von der Universität Rostock für die bereitwillige Übernahme eines Gutachtens für diese Arbeit.

Bei allen Mitarbeiterinnen und Mitarbeitern des Instituts für Elektrische Energieversorgung und Hochspannungstechnik bedanke ich mich für das angenehme Arbeitsklima, fachübergreifende Diskussionen und die Unterstützung bei experimentellen Herausforderungen.

Ebenfalls bedanken möchte ich mich bei den Studenten, die durch ihre Studien- und Diplomarbeiten einen Teil zum Erfolg dieser Arbeit beigetragen haben.

Meiner Familie danke ich für die Möglichkeit, die notwendige Bildung für den Weg der Promotion erreichen zu können und den persönlichen Rückhalt in vielen, vielen Jahren.

Herzlich bedanke ich mich bei meiner Freundin Peggy und meiner Tochter Stella für ihr Verständnis, die tatkräftige Unterstützung und die Lebensfreude, mit der auch anstrengende Tage schnell vergessen waren.

Dresden, April 2014 Nils Lücke

## Kurzfassung

Elektrische Steckverbindungen im Bereich der Elektroenergietechnik werden durch den Betriebsstrom, die daraus resultierende Belastungstemperatur, die Umgebungsbedingungen und durch Relativbewegungen zwischen den Kontaktpartnern belastet. Daraus resultieren verschiedene Alterungsmechanismen, die das Langzeitverhalten der elektrischen Verbindungen wesentlich bestimmen. Mit der Zeit kann der Verbindungswiderstand größer werden, bis es schließlich zum Ausfall der Verbindung kommt. Bekannte Alterungsmechanismen sind: Kraftabbau, Reibverschleiß, Chemische Reaktionen, Elektromigration und Interdiffusion.

Das Langzeitverhalten abhängig von den Mechanismen Kraftabbau und Reibverschleiß wurde in dieser Arbeit anhand von elektrischen Verbindungen mit Kontaktlamellen des Typs LAIA untersucht. Diese Kontaktlamellen bestehen aus einer ausscheidungsgehärteten Kupfer-Beryllium-Legierung (CuBe2), die eine hohe mechanische Festigkeit und sehr gute Federeigenschaften bei guter elektrischer Leitfähigkeit auszeichnet.

Das Relaxationsverhalten der Kontaktlamellen wurde mit einem FEM-Model berechnet und mit einer Modellanordnung durch Langzeitversuche experimentell verifiziert. Im Vergleich dazu wurden die gemessenen zeit- und temperaturabhängigen Verbindungskräfte auch mit der Extrapolationsmethode nach Larson und Miller ausgewertet und mit den Ergebnissen der FEM-Berechnungen verglichen.

Die Untersuchungen zum Reibverschleiß wurden mit einer Versuchsanordnung durchgeführt, mit der Versatzbewegungen bis zu 10 mm und Frequenzen bis zu 100 Hz durch eine digitale Regelung eingestellt werden können. Gegenstand der Untersuchungen war ein praktisch eingesetzter Hochstrom-Steckverbinder mit einer Kontaktlamelle des Typs LAIA. In den experimentellen Untersuchungen wurden, neben dem Parameter Kontaktfett, unterschiedliche Versatzamplituden und –frequenzen als Randbedingungen gewählt.

## Abstract

In power engineering electrical plug-in connectors are loaded by the operating current and the resulting temperature. Furthermore the environmental conditions and relative movements between the parts of contact can have an effect on the long-term behaviour of these electrical connections. Due to the resulting mechanisms of ageing the electrical resistance of a connection can increase until the connection will fail. So far known mechanisms of ageing are: force reduction, rubbing wear, chemical reactions, electromigration and interdiffusion.

In this work the long-term behaviour of electrical connections with Multilams of type LAIA due to force reduction and rubbing wear was investigated. These Multilams consist of an age hardened copper-beryllium (CuBe2) which is characterised by high mechanical strength and excellent spring properties combined with good electrical conductivity.

The force reduction due to stress relaxation was calculated with an FEM-model and verified by long-term tests with model configurations. In comparison, the measured time- and temperature-dependent connection forces are evaluated with the method of extrapolation according to Larson and Miller.

The ageing mechanism of rubbing wear was investigated with an experimental setup with digital controlled relative movements up to 10 mm and frequencies up to 100 Hz. The subject of investigation was a practical used high-current plug-in connector with a Multilam of type LAIA. Different basic conditions concerning the usage of contact lubricant as well as different amplitudes and frequencies of the relative movements were chosen.

# Inhaltsverzeichnis

# 1 Einleitung

Im Bereich der Elektroenergietechnik werden u. a. in Schalt- und Verteileranlagen elektrische Verbindungen eingesetzt, um die metallischen Leiter miteinander zu verbinden. Sind diese Verbindungen steckbar ausgeführt, so gewährleistet dies neben einer einfachen Montage auch den Ausgleich von Materialdehnungen. Ist die elektrische Anlage in Betrieb, müssen die Verbindungen einen möglichst kleinen und langzeitstabilen elektrischen Widerstand haben, um die Verlustleistung (Wärmeleistung) und damit die Übertemperatur der Verbindungen in festgelegten Grenzen zu halten.

Elektrische Verbindungen werden durch den Betriebsstrom, die daraus resultierende Belastungstemperatur, die Umgebungsbedingungen und durch Relativbewegungen zwischen den Kontaktpartnern belastet. Daraus resultieren verschiedene Alterungsmechanismen, die das Langzeitverhalten der elektrischen Verbindungen wesentlich bestimmen. Mit der Zeit kann der Verbindungswiderstand größer werden, bis es schließlich zum Ausfall der Verbindung kommt. Bekannte Alterungsmechanismen sind: Kraftabbau, Reibverschleiß, Chemische Reaktionen, Elektromigration und Interdiffusion.

Hohe mechanische Spannungen und hohe Temperaturen haben eine viskoplastische Verformung der Verbindungselemente zur Folge, die dazu führt, dass die Verbindungskraft mit der Zeit kleiner wird. Diese zeitabhängigen plastischen Verformungen entstehen durch Kriechvorgänge bei hohen Temperaturen sowie konventionellem Bewegen und Auslöschen von Versetzungen (Erholung) auch bei Betriebstemperaturen unterhalb von 40 % der absoluten Schmelztemperatur. Das Abnehmen der Verbindungskraft bei konstanter äußerer Dehnung, wie es in erster Näherung bei allen üblichen Steckverbindungen auftritt, wird allgemein als Spannungsrelaxation bezeichnet. Dieser Kraftabbau wurde in der hier vorliegenden Arbeit näher untersucht.

Das Langzeitverhalten abhängig vom spannungsrelaxationsbedingten Kraftabbau wurde in dieser Arbeit anhand von elektrischen Verbindungen mit Kontaktlamellen des Typs LAIA untersucht. Diese Kontaktlamellen bestehen aus einer ausscheidungsgehärteten Kupfer-Beryllium-Legierung (CuBe2), die eine hohe mechanische Festigkeit und sehr gute Federeigenschaften bei guter elektrischer Leitfähigkeit auszeichnet. Das Relaxationsverhalten der Kontaktlamellen wurde mit Hilfe eines FEM-Models mit dem Programm ANSYS berechnet und an einer Modellanordnung durch Langzeitversuche experimentell verifiziert. Für die Berechnung der Federcharakteristik und des Kraftabbaus mit der FE-Methode sind

Materialkennwerte und Zeitstandparameter erforderlich, die durch entsprechende Materialuntersuchungen experimentell bestimmt wurden. Im Vergleich dazu wurden die gemessenen zeit- und temperaturabhängigen Verbindungskräfte auch mit der Extrapolationsmethode nach Larson und Miller ausgewertet und mit den Ergebnissen der FEM-Berechnungen verglichen. Der Vorteil der Larson-Miller-Methode besteht darin, dass die aufwendige Bestimmung von Materialkenndaten entfallen kann, da lediglich die Ergebnisse der Langzeitversuche erforderlich sind.

Neben dem Kraftabbau ist auch der Reibverschleiß ein wichtiger Alterungsmechanismus bei elektrischen Verbindungen mit Kontaktlamellen, insbesondere bei Steckverbindungen. In der Literatur finden sich Ergebnisse zum Reibverschleiß fast ausschließlich auf der Grundlage von einfachen Modellanordnungen, wie z. B. zwei gekreuzte Zylinder oder Stab-Platte-Anordnungen. Während bei Steckverbindungen in Gasisolierten Schaltanlagen (GIS) vor allem die durch unterschiedliche thermische Ausdehnungskoeffizienten der eingesetzten Materialien hervorgerufenen Versatzbewegungen von Interesse sind [1], können sich besonders im Anwendungsbereich kleinerer Steckverbinder auch mechanische oder strominduzierte Vibrationen auf das Langzeitverhalten auswirken. Diese Versatzbewegungen mit Amplituden im zwei- bis dreistelligen Mikrometerbereich wurden im Rahmen dieser Arbeit am Beispiel eines praktisch eingesetzten Hochstromsteckverbinders mit einer Kontaktlamelle des Typs LAIA untersucht. Dazu wurde eigens eine Versuchsanordnung entwickelt, mit der Versatzbewegungen bis zu 10 mm bei Frequenzen bis zu 100 Hz durch eine digitale Regelung eingestellt werden können. Aufgrund der verwendeten Messtechnik wurde bei den Untersuchungen eine maximale Frequenz von 62,5 Hz gewählt, die einer Periodendauer von 16 ms bei sinusförmiger Bewegung entspricht.

Während der Reibverschleißversuche wurden als wichtigste Größen der Verbindungswiderstand, die Schiebekraft und der Weg mit einem digitalen Messverstärker erfasst und aufgezeichnet. Abhängig von der Vorbehandlung der Verbindungsflächen mit Kontaktfett sowie den Parametern Versatzamplitude und –frequenz ist eine unterschiedliche Anzahl von Reibverschleißzyklen bis zum Ausfall der Steckverbinder zu erwarten. Ursache dafür können verschiedene Reibverschleißmechanismen sein, die sich, abhängig vom tribologischen System in den Kontaktbereichen, unterschiedlich stark auf die Lebensdauer eines Steckverbinders auswirken können. Deshalb wurden bei ausgewählten Steckverbindern im Anschluss an die Messungen Oberflächenanalysen mit einem optischen 3D-Mikroskop durchgeführt und ausgewertet.

# 2 Stand der Technik

## 2.1 Elektrische Verbindungen

Elektrische Verbindungen können grundsätzlich in ruhende und bewegliche Verbindungen unterteilt werden. Zur letztgenannten Gruppe zählen neben steckbaren Verbindungen auch Schalter und gegeneinander verschiebbare Kontakte ohne vollständige Trennung der Kontaktflächen [2], [3], [5], [6]. Hinsichtlich der Ausführungsart elektrischer Verbindungen kann weiterhin unterschieden werden zwischen nicht lösbaren, lösbaren und elastischen Verbindungen. Elastische Verbindungen lassen eine gewisse Relativbewegung zwischen den Kontaktpartnern durch beispielsweise federnde Elemente im Kontaktbereich zu, ohne dass es zu Verschiebungen im Kontaktbereich kommt.

### 2.1.1 Ruhende Verbindungen

Die Stromübertragung an einer Verbindungsstelle kann nur an Berührungs- bzw. Überlappungsflächen zweier elektrischer Leiter (z. B. Stromschienen, Seilleiter) erfolgen. Da die Oberflächen der Metalle im Bereich einer Verbindung nicht ideal glatt sind, sondern Rauheiten im Bereich von mehreren µm je nach Oberflächenbearbeitung aufweisen, ist nicht die gesamte scheinbare Kontaktfläche $A_S$ mechanisch tragend. Je nach Lage der Unebenheiten zueinander können sich Kontaktstellen entweder zwischen zwei Erhebungen oder zwischen Erhebungen und Vertiefungen ausbilden [2], (Bild 2-1).

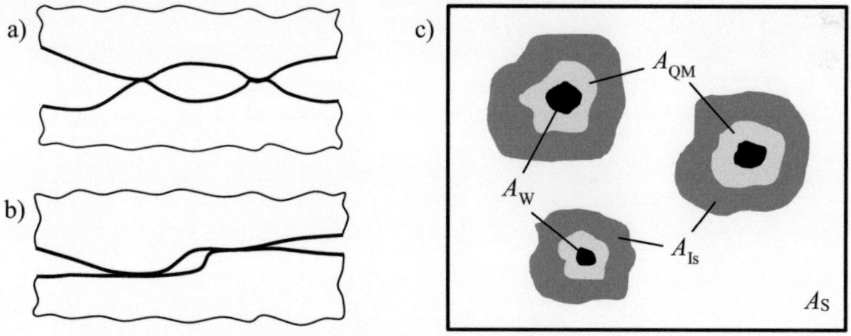


Bild 2-1: Beispiele für Kontaktstellen zwischen Metallen
a) Kontakt zwischen den Spitzen der Unebenheiten
b) Kontakt auch zwischen Spitzen und Tälern
c) Beispiel für die Zusammensetzung einer scheinbaren Kontaktfläche

Da sich an der atmosphärischen Luft schon innerhalb kurzer Zeit Fremdschichten (z. B. durch Oxidation) auf den Metalloberflächen bilden können, ist nicht auf der gesamten mechanisch tragenden Kontaktfläche $A_T$ eine rein metallische Kontaktfläche ($A_M$) möglich. Durch die

Rauheit auf den Verbindungsflächen können bei ausreichend großer Verbindungskraft (Normalkraft) Oxid- und andere Fremdschichten aufgebrochen werden, was zu größeren metallischen und quasimetallischen Kontaktflächen führt. In den Randbereichen der mechanisch tragenden Kontaktflächen ist der Kontaktdruck in der Regel geringer, so dass die Fremdschicht nicht vollständig aus diesem Bereich verdrängt werden kann. Bis zu Fremdschichtdicken unterhalb von (20 bis 30) Å ergeben sich dabei noch vergleichsweise kleine elektrische Widerstände, da die Fremdschicht von Elektronen durchtunnelt werden kann (quasimetallische Kontaktflächen $A_{QM}$) [2]. An den äußeren Rändern der Kontaktflächen sind die Fremdschichten dagegen so dick, dass sie isolierend wirken und damit nicht zur Stromleitung beitragen (Verhalten wie Halbleiter, isolierende Kontaktflächen $A_{Is}$) (Gl. (2-1)).

$$A_S \gg A_T = A_{Is} + A_{QM} + A_M > A_W = A_{QM} + A_M \tag{2-1}$$

Die stromtragenden Bereiche der Kontaktfläche (wahre Kontaktfläche $A_W$) werden als Engestellen bezeichnet (auch a-Spots genannt), da es hier, ausgehend von der praktisch homogenen Stromverteilung im Leiter, zur Einschnürung der elektrischen Feldlinien und damit zu einem größeren elektrischen Widerstand kommt.

Aus den vorangegangenen Ausführungen lässt sich ableiten, dass sich der elektrische Widerstand einer Verbindung $R_V$ nach Gl. (2-2) aus mehreren Anteilen zusammensetzt, nämlich aus den Materialwiderständen der beteiligten Metalle $R_M$, dem Engewiderstand $R_E$ und dem Fremdschichtwiderstand $R_F$ (Gl. (2-4)). Als Kontaktwiderstand $R_K$ wird die Summe aus Enge- und Fremdschichtwiderstand bezeichnet (Gl. (2-3)).

$$R_V = R_M + R_E + R_F \tag{2-2}$$

$$R_K = R_E + R_F \tag{2-3}$$

$$R_F = \frac{\rho_F}{\pi a^2} \tag{2-4}$$

$a$ ... Radius der Engestelle (a-Spot); $\rho_F$ ... Flächenbezogener Fremdschichtwiderstand

Mit Hilfe des Holm'schen Kugelmodells [2] kann der Engewiderstand näherungsweise berechnet werden, wobei Holm die Engestelle mit einer supraleitenden Kugel nachbildet, so dass sich als Äquipotenzialflächen Halbkugel- bzw. Kugelflächen ergeben. Mit dem spezifischen elektrischen Widerstand $\rho$ und dem Radius der Engestelle $a$ (abgeleitet von a-Spot) berechnet sich der Engewiderstand $R_E$ nach dem Holm'schen Kugelmodell zu:

$$R_{\mathrm{E}} = \frac{\rho}{\pi a} \ . \tag{2-5}$$

Wird zusätzlich die inhomogene Stromverteilung im Bereich der Engestelle berücksichtigt, also die größere Stromdichte in den Randbereichen, so können die Äquipotenzialflächen nach Holm als Ellipsoidflächen angenähert werden [2]. Die Gleichung für eine solche Äquipotenzialfläche mit den Zylinderkoordinaten $r$ und $z$ (Gl. (2-6)), enthält neben dem Radius der Engestelle $a$ (horizontale Achse der Ellipse) einen Parameter $\mu$ (vertikale Achse der Ellipse), der zur Darstellung verschiedener Äquipotenzialflächen verändert werden kann:

$$\frac{r^2}{a^2 + \mu^2} + \frac{z^2}{\mu^2} = 1 \ . \tag{2-6}$$

Mit dem Ellipsoidmodell ergeben sich um 57 % größere Werte für den Engewiderstand als mit dem Kugelmodell. Die folgenden Gleichungen gelten für zwei gleiche (Gl. (2-7)) bzw. verschiedene Kontaktmaterialien (Gl. (2-8)) mit den spezifischen elektrischen Widerständen $\rho_1$ und $\rho_2$:

$$R_{\mathrm{E}} = \frac{\rho}{2a} \qquad \text{bzw.} \tag{2-7}$$

$$R_{\mathrm{E}} = \frac{\rho_1 + \rho_2}{4a} \ . \tag{2-8}$$

Da eine elektrische Verbindung in der Regel aus mehreren Mikrokontakten mit den Radien $a_1, a_2, a_3, \ldots, a_n$ besteht, müssen die zugehörigen Engewiderstände in geeigneter Weise kombiniert werden. Für große Abstände zwischen den Engestellen, verglichen mit den Radien, können ihre Leitwerte addiert werden:

$$R_{\mathrm{E}} = \frac{\rho_1 + \rho_2}{4} \frac{1}{\sum_{i=1}^{n} a_{\mathrm{i}}} \ . \tag{2-9}$$

Liegen die Engestellen dichter beieinander, so beeinflussen sich die Strömungsfelder und Gl. (2-9) ist nicht mehr gültig. In [2] und [4] werden für diesen Fall verschiedene Gleichungen angegeben, die auf unterschiedlichen Annahmen und Vereinfachungen basieren.

Der Radius $a$ der wahren Kontaktfläche kann nicht direkt berechnet werden, da er beispielsweise von der Fremdschichtdicke zwischen den Kontaktflächen abhängt. Allerdings existieren Gleichungen zur Berechnung der mechanisch tragenden Kontaktfläche bei den Anordnungen Kugel-Kugel bzw. Kugel-Platte. Dabei wird zwischen elastischer und plastischer Verformung, die durch die Kontaktkraft verursacht wird, unterschieden:

- Elastische Verformung $$r_\mathrm{t} = \sqrt[3]{1{,}5\,(1-\nu^2)\,\frac{F_\mathrm{K}\,r_\mathrm{Kugel}}{E}} \qquad (2\text{-}10)$$

- Plastische Verformung $$r_\mathrm{t} = \sqrt{\frac{F_\mathrm{K}}{\pi H_\mathrm{K}}}\,. \qquad (2\text{-}11)$$

In Gl. (2-10) bezeichnet $\nu$ die Poissonzahl, $F_\mathrm{K}$ die Kontaktkraft, $r_\mathrm{Kugel}$ den Radius der unverformten Kugel und $E$ den Elastizitätsmodul. Die Kontakthärte $H_\mathrm{K}$ in Gl. (2-11) drückt das Verhältnis der Kontaktkraft zur wahren Berührungsfläche aus und wird in $\mathrm{N/mm^2}$ angegeben. In den meisten Fällen kann nur ein ungefährer Wert für die Kontakthärte angegeben werden, da sie von der Kraft, dem Material- und Oberflächenzustand sowie der Kontaktform abhängig ist [4]. Prinzipiell kann gesagt werden, dass der elektrische Widerstand eines Kontaktes durch eine größere Normalkraft verringert werden kann. Allerdings ändert sich aufgrund des nichtlinearen Zusammenhangs bei großen Kontaktkräften der Widerstand nur noch wenig [2].

Bei der Dimensionierung elektrischer Kontakte muss darauf geachtet werden, dass durch die Oberflächengestaltung (Rauheit) und die Kontaktkraft eine ausreichende Flächenpressung erreicht wird, damit bei der Montage eventuell vorhandene Fremdschichten aufgebrochen werden können und ein möglichst kleiner Verbindungswiderstand entsteht.

### 2.1.2 Steckbare Verbindungen

Bei steckbaren und damit beweglichen elektrischen Verbindungen müssen einige Besonderheiten im Vergleich zu ruhenden Verbindungen berücksichtigt werden. Während der Lebensdauer werden Verbindungen dieses Typs in der Regel mehrfach gesteckt und getrennt. Durch diese Steckzyklen erfolgt zunächst das Trennen der wahren Kontaktflächen, die dann bei erneutem Stecken der Verbindung in einer anderen Konstellation wieder hergestellt werden. Dadurch ist es sehr wahrscheinlich, dass sich der Verbindungswiderstand nach einem Steckzyklus verändert, da nicht mehr dieselben Mikrokontakte für die Stromführung maßgebend sind. Damit die zum Stecken der Verbindung erforderliche Steckkraft $F_\mathrm{S}$ nicht zu groß wird, muss die Verbindungskraft $F_\mathrm{V}$ und damit die Kontaktkraft $F_\mathrm{K}$ gegenüber ruhenden Kontakten entsprechend reduziert werden. Die Folge daraus sind größere

Verbindungswiderstände, da zum einen die mechanisch tragenden Kontaktflächen kleiner werden (Gln. (2-10) und (2-11)) und zum anderen Fremdschichten nicht mehr so gut aufgebrochen werden können. Allerdings wirken bei Steckvorgängen Reibkräfte zwischen den Kontaktoberflächen, die einen mechanischen Reinigungseffekt zur Folge haben. Dadurch werden Fremdschichten und Schmutzpartikel teilweise entfernt, und es können sich mehr stromtragende metallische Kontaktstellen ausbilden. Allerdings kann dieser Reinigungsmechanismus bei entsprechend großen Kontaktkräften auch zu einem erhöhten Verschleiß der häufig eingesetzten Oberflächenbeschichtungen führen. Deshalb ist ein Kompromiss zwischen großen Kontaktkräften für einen minimalen Verbindungswiderstand und möglichst kleinen Kontaktkräften zum Minimieren des Reibverschleißes notwendig [3], [4], [6], [7].

Die Komponenten von Steckverbindern werden im Kontaktbereich in der Regel mit einem Edelmetall beschichtet, wobei Silber im Bereich der Hochstromtechnik am häufigsten eingesetzt wird. Durch die vergleichsweise geringe Härte der Beschichtungsmaterialien (z. B. Ag, Sn, Au) können auch bei kleinen Kontaktkräften große mechanisch tragende Kontaktflächen erreicht werden.

Steckverbinder bestehen prinzipiell aus einem Anschlussbereich, in dem die Stromzuleitung befestigt ist, und einem Steckbereich, mit dem eine lösbare Verbindung zwischen den Kontaktelementen hergestellt wird. Der Steckbereich enthält mindestens eine federnde Komponente (z. B. Kontaktlamellen), durch die eine ausreichend große Kontaktkraft erzeugt wird. Typische Bauarten sind Flach-, Rund- oder Koaxial-Steckverbinder [8], [9].

Aus Festigkeitsgründen und den geforderten sehr guten Federeigenschaften besteht die federnde Komponente in der Regel aus einer Legierung. Da Legierungen gegenüber dem Grundwerkstoff (z. B. Kupfer) immer eine geringere elektrische Leitfähigkeit besitzen, wird im Steckbereich der größte Anteil des Verbindungswiderstands und damit die größte Verlustleistung innerhalb des Übertragungssystems erzeugt. Das muss bei der Dimensionierung von Steckverbindern berücksichtigt werden.

#### 2.1.2.1 Einfluss der Reibung auf den Verbindungswiderstand

Bei tangentialen Kräften zu den Verbindungsoberflächen (Schiebekräfte), wie sie beim Stecken bzw. Trennen eines Steckverbinders oder auch während des Betriebs auftreten können, sind einige Besonderheiten in Bezug auf den Verbindungswiderstand zu beachten. Wirken solche Kräfte auf eine Reibpaarung, so verbleiben die Kontaktpartner zunächst in

Ruheposition, da die Haftreibkraft $F_R^{(H)}$ (Gl. (2-12)) der angreifenden Tangentialkraft entgegenwirkt.

$$F_R^{(H)} = \mu_H F_N \tag{2-12}$$

Der Haftreibwert $\mu_H$ ist ein Maß für das Verzahnen der Flächen und stellt einen flächenunabhängigen Zusammenhang zwischen der Normalkraft und der Tangential-/Haftreibkraft dar. Wird die Haftreibkraft $F_R^{(H)}$ überschritten, so entsteht eine Relativbewegung zwischen den Kontaktpartnern. Während der Relativbewegung ist das Verzahnen der Flächen nicht so stark ausgeprägt wie in der Ruhelage. Für diesen Fall gilt der Gleitreibwert $\mu_G$, der deutlich kleiner als der Haftreibwert $\mu_H$ ist (Gl. (2-13)).

$$F_R^{(G)} = \mu_G F_N \tag{2-13}$$

Die Bewegung hält so lange an, wie die von außen angreifende Tangentialkraft die Gleitreibkraft $F_R^{(G)}$ nicht unterschreitet. Stoppt die Bewegung, verzahnen sich die Kontaktflächen wieder so stark, dass erneut die Haftreibkraft überwunden werden muss, um eine Relativbewegung zu ermöglichen. Werden die Tangentialkräfte über federnde Elemente auf die Kontaktpartner übertragen, so kann es zu einem inhomogenen Abgleiten kommen, da die bis zum Überwinden der Haftreibkraft im Federelement gespeicherte Energie zu einer sprunghaften Bewegung des Federelements führt (s. g. Stick-Slip-Effekt, s. a. Abschnitt 4). Damit gibt es bei Steckverbindungen abhängig von der Normalkraft und dem Reibwert die Bereiche reiner Gleitreibung praktisch nicht. Allgemein werden mit geringerer Flächenverzahnung auch die Kontaktflächen in der Verbindung kleiner, so dass der Verbindungswiderstand während der Bewegung, bedingt durch die kleinere Anzahl der Mikrokontakte, größer ist als in Ruhelage [3], [22], [27], [28].

#### 2.1.2.2 Verbindungen mit Kontaktlamellen

Kontaktlamellen zeichnen sich durch äußerst vielfältige Anwendungsmöglichkeiten im Bereich der steckbaren elektrischen Verbindungen aus. Die Applikationsbeispiele reichen von Steckverbindern in runder oder flacher Form für Hochstromverbindungen bis hin zu Laborsteckverbindern mit kleinsten Abmessungen. Im Rahmen dieser Arbeit wurden

Kontaktlamellen des Typs LAIA von MC[1)] (Bild 2-2) untersucht, die mit Blechstärken zwischen 0,08 mm und 0,5 mm hergestellt werden [52].

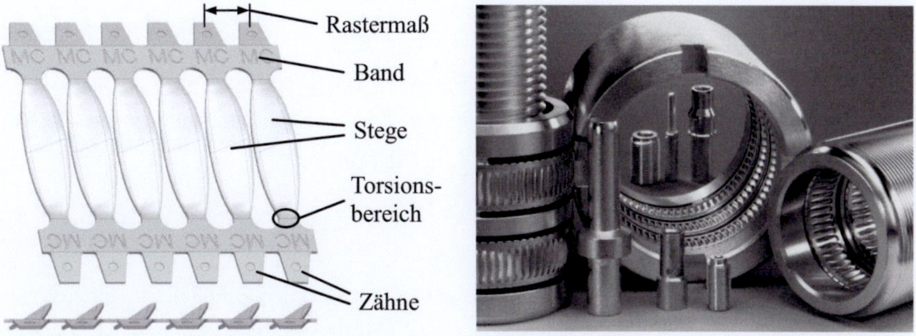


Bild 2-2: CAD-Zeichnung Kontaktlamelle LAIA und Anwendungsbeispiele (MC)

Die Anzahl der Stege und die Blechstärke variieren je nach Anwendung. Sie werden unter anderem vom zu realisierenden Verbindungswiderstand und den geometrischen Abmessungen des Steckverbinders bestimmt. Mit größerer Blechstärke der Kontaktlamellen wird die Federkennlinie steiler, was eine größere Kontaktkraft bei gleicher Einfederung zur Folge hat [11]. Im Hinblick auf das Langzeitverhalten der Steckverbindungen mit Kontaktlamellen muss häufig ein Kompromiss zwischen möglichst großer Kontaktkraft auf der einen und geringem Reibverschleiß auf der anderen Seite gewählt werden.

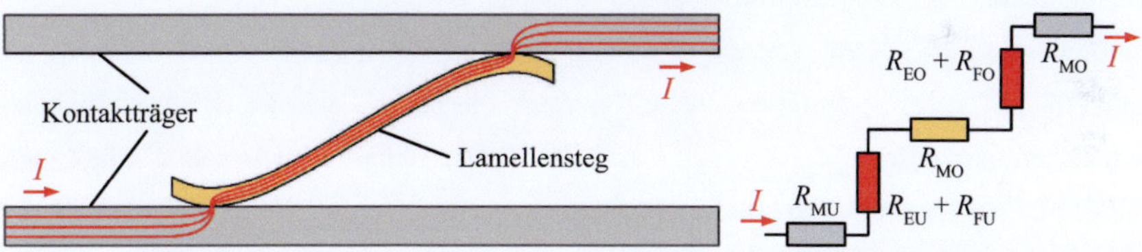


Bild 2-3: Elektrischer Widerstand einer Verbindung mit einem Kontaktlamellensteg
Pfad des elektr. Stroms durch einen Kontaktlamellensteg (links); Ersatzschaltbild (rechts)
$R_{MU}$, $R_{MO}$, $R_{ML}$ … Materialwiderstände; $R_{EU}$, $R_{EO}$ … Engewiderstände;
$R_{FU}$, $R_{FO}$ … Fremdschichtwiderstände;

Der Verbindungswiderstand eines Kontaktlamellenstegs setzt sich gemäß der allgemeinen Kontakttheorie aus mehreren Anteilen gemäß Bild 2-3 zusammen. Eine Kontaktlamelle mit $n$ Stegen besteht aus der Parallelschaltung von $n$ Stegersatzschaltungen nach Bild 2-3, wobei die einzelnen Komponenten zwischen den Stegen variieren können. Daher kann bei mehreren parallelen Kontaktlamellenstegen die kollektive Alterung eine Rolle spielen [10]. Die

[1)] Multi-Contact AG

Stromaufteilung der parallelen Verbindungen ergibt sich aus den einzelnen Teilverbindungswiderständen. Verbindungen mit kleinem elektrischem Widerstand erfahren eine höhere Strombelastung als solche mit großem Widerstand und altern deshalb schneller. Die Stromverteilung kehrt sich mit der Zeit um, sodass die ehemals schwach belasteten Strompfade nun von einem größeren Strom durchflossen werden. Dieser Vorgang läuft dynamisch ab und zwar so lange, bis es zum alterungsbedingten Ausfall des Verbindungsystems kommt (s. a. Abschnitt 2.1.3), [4], [10].

### 2.1.3 Alterung von Verbindungen

Unter der Alterung elektrischer Verbindungen wird allgemein ein Vergrößern des elektrischen Widerstands mit der Zeit verstanden. Ein größerer Verbindungswiderstand hat eine höhere Verlustleistung zur Folge, woraus eine erhöhte Verbindungstemperatur resultiert, die zum vorzeitigen Ausfall der Verbindungen auch weit vor Ablauf der konstruktionsbedingten Lebensdauer führen kann. Bekannte Alterungsmechanismen bei elektrischen Verbindungen sind Kraftabbau, Reibverschleiß, Chemische Reaktionen, Elektromigration und Interdiffusion. Auf die Mechanismen des Kraftabbaus (Abschnitt 2.4) und des Reibverschleißes (Abschnitt 2.5) wird in den angegebenen Abschnitten ausführlich eingegangen.

#### Chemische Reaktionen

Unter diesem Begriff werden Oxidation und Korrosion zusammengefasst. Durch Oxidation an der atmosphärischen Luft wird der Sauerstoffgehalt im Basismaterial erhöht, wodurch bis dahin freie Elektronen gebunden werden. Nimmt man Kupfer als Beispiel, so bildet sich unter atmosphärischer Luft auf den Kontaktflächen bis zu einer Temperatur von 260 °C eine $Cu_2O$-Schicht im nm-Bereich, deren Dicke temperatur- und zeitabhängig ist. Damit der elektrische Strom über die Kontaktelemente fließen kann, muss die Oxidschicht entweder aufgebrochen oder von Elektronen durchtunnelt werden. Bei der Korrosion wird durch chemische oder elektrochemische Reaktionen zwischen dem Metall und der Umgebung das Metall direkt zerstört. Dadurch werden die wahren Kontaktflächen bei aggressiven Umgebungsbedingungen schnell kleiner und der Verbindungswiderstand größer [3]. Da die elektrischen Verbindungen mit Kontaktlamellen ein sehr breites Anwendungsspektrum haben, sollen diese auch bei korrosiver Atmosphäre einsetzbar sein. Deshalb ist die Korrosion bei diesen Verbindungen unter entsprechenden Bedingungen zu beachten. Bei der Silberbeschichtung der Kontaktlamellen kann nur in Verbindung mit Ozon eine Oxidschicht ($Ag_2O$) gebildet werden. Dieses Silber(I)-Oxid ist sehr weich und kann leicht von der

Oberfläche entfernt werden. Es ist bekannt, dass Silber(I)-Oxid bei elektrischen Verbindungen keinen negativen Einfluss hat [2], [3]. Jedoch kann in der Umgebung schwefelhaltiger Dämpfe ($H_2S$, $SO_2$) Schwefel(I)-Sulfid ($Ag_2S$) gebildet werden. Diese Sulfid-Schichten führen zu einem größeren Verbindungswiderstand, können aber durch die in der Elektroenergietechnik angewendeten hohen Verbindungskräfte leicht aufgebrochen oder bei Steckvorgängen durchgerieben werden [6]. In stark schwefelhaltiger Atmosphäre können sich $Ag_2S$-Schichten ausbilden, die keine langzeitstabile elektrische Verbindung zulassen [7], [51] (s. a. IEC/TR 60943:1998).

**Elektromigration**

Durch den Einfluss eines elektrischen Feldes kann es zu erzwungenen Bewegungen von Metallionen kommen. Die Migration der Ionen ist ein diffusionsgesteuerter Vorgang, der vornehmlich entlang von Korngrenzen oder größeren Gitterstörungen entlang des Stromdichtegradienten verläuft. Durch den gerichteten Materialtransport werden an der Oberseite der Kontaktfläche Erhöhungen oder Vertiefungen gebildet, die schließlich zur Rissbildung im Bereich der Engestellen führen können. Die Elektromigration tritt verstärkt bei großen Stromdichtegradienten auf, deren Höhe von den beteiligten Materialien und insbesondere dem wirksamen Diffusionskoeffizienten abhängt. Die notwendige Stromdichte für Migrationsprozesse liegt im Bereich zwischen 10 und $10^3$ A/mm$^2$ [3], [6].

**Interdiffusion**

Bei der Diffusion findet ein gerichteter Materialtransport statt, der sich mit der ungerichteten Driftbewegung von Atomen und Leerstellen überlagert. Damit bei elektrischen Verbindungen Interdiffusionsprozesse stattfinden können, müssen die Kontaktpartner aus unterschiedlichen Materialien bestehen, d. h., es müssen Konzentrationsunterschiede an den Kontaktflächen existieren. Die bei der Interdiffusion gebildeten intermetallischen Phasen haben gegenüber den Basismaterialien eine geringere elektrische Leitfähigkeit und sind mechanisch spröder. Dadurch kann es neben der leitfähigkeitsbedingten Erhöhung des Verbindungswiderstands auch zum Aufbrechen von Engestellen kommen [3], [12], [19].

**Kraftabbau**

Unter dem Begriff Kraftabbau wird allgemein die Abnahme der Verbindungskraft abhängig von der Zeit und der Temperatur verstanden. Zu diesem Kraftabbau führen sowohl die Abnahme der inneren mechanischen Spannungen im Werkstoff als auch dessen viskoplastische Verformung durch Kriechvorgänge. Der innere Zustand des Werkstoffs verändert sich, da dieser ein thermodynamisches und mechanisches Gleichgewicht anstrebt. Dabei wird die in Form einer überwiegend elastischen Dehnung in das Material eingebrachte Spannung besonders bei hohen Temperaturen durch Kriechprozesse abgebaut, die eine gerichtete Materialwanderung zur Folge haben und zu einer Abnahme der mechanischen Spannung im Material und gleichzeitig zu einer bleibenden Dehnung führen. Auch durch das gegenseitige Auslöschen von Versetzungen als Folge von Versetzungsbewegungen sowie durch die Bewegung von Körnern und die damit verbundene Erholung werden Spannungen im Material verringert. Welcher Vorgang bei einer elektrischen Verbindung dominiert, hängt vor allem von der Temperatur und der inneren mechanischen Spannung im Material aber auch von der Homogenität der Kristallstrukturen ab [1], [16], [19], [32].

**Reibverschleiß**

Durch gegenseitiges Verschieben der Kontaktpartner im µm- bis mm-Bereich kann es zu Veränderungen an den Kontaktflächen und damit auch des elektrischen Verbindungswiderstands kommen. Ursachen für diese Relativbewegungen können unterschiedliche Ausdehnungskoeffizienten der beteiligten Materialien aber auch strominduzierte oszillierende Bewegungen mit einer Frequenz von beispielsweise 100 Hz bei einer Frequenz des Stromes von 50 Hz sein. Abhängig von der Versatzamplitude und der Frequenz treten mehr oder weniger starke Veränderungen der Kontaktflächeneigenschaften auf. Im Bereich einer Versatzamplitude bis zu 100 µm und gleichzeitig hohen Frequenzen (Schwingungsverschleiß) wird das Belastungskollektiv als Fretting, und bei größeren Amplituden als Gleitverschleiß bezeichnet. Durch eine Beschichtung der Kontaktflächen mit Silber, wie sie bei den Steckverbindungen mit Kontaktlamellen häufig angewendet wird, kann die Alterung durch Reibverschleiß deutlich reduziert werden. Mit größerer Dicke der Silberbeschichtung nimmt die Anzahl der Versatzzyklen bis zum Ausfall der Steckverbindung zu [1], [6], [7].

## 2.2 Grundlegende Eigenschaften von Metallen

### 2.2.1 Aufbau kristalliner Festkörper

Kupfer zählt im festen Aggregatzustand zu den kristallinen Festkörpern, in denen die Teilchen homogen verteilt und geordnet sind (Fernordnung), was wiederum den energieärmsten und stabilsten Zustand zur Folge hat. Allerdings können schon durch Wärmeschwingungen Störungen in der Ordnung des Kristalls auftreten, so dass nur in theoretischen Grenzfällen von einem ideal kristallinen Festkörper ausgegangen werden kann und deshalb in der Praxis von einer Realstruktur gesprochen wird. Die Fehlordnungen binden freie Energie, da der Kristall bestrebt ist, seinen idealen Gleichgewichtzustand wieder herzustellen. Bei vielen Technologien der Werkstoffver- und -bearbeitung kann diese freie Energie gezielt genutzt werden, z. B. beim Homogenisierungsglühen und Sintern [12], [13], [14].

Die in der Elektroenergietechnik bevorzugt eingesetzten Metalle Kupfer (Cu), Aluminium (Al) und Silber (Ag) kristallisieren in der kubisch flächenzentrierten Struktur (kfz), die von allen kubischen Strukturen die höchste Packungsdichte (PD) aufweist. Das kfz-Gitter zeichnet sich durch eine große Anzahl von Gleitebenen aus, weshalb sich die oben genannten Werkstoffe durch eine hohe Duktilität und gute Verformbarkeit auszeichnen [12].

Das in dieser Arbeit neben Kupfer sehr wichtige Beryllium als Legierungselement kristallisiert in der hexagonal dichtesten Struktur (hdP). Sowohl die Packungsdichte PD = 0,74 als auch die Koordinationszahl KZ = 12 (Anzahl der Nachbaratome eines Atoms) stimmen mit denen der kfz-Struktur überein. Neben der Stapelfolge unterscheiden sich die beiden Strukturen in der Anzahl der Gleitsysteme. Diese ist bei der hdP-Struktur geringer, was mit einer schlechteren Verformbarkeit einhergeht.

Die Struktur der realen kristallinen Festkörper (Realstruktur) enthält Kristallbaufehler, die nach geometrischen Aspekten in vier Gruppen eingeteilt werden (Tabelle 2-1). Durch Gitterstörungen werden die mechanischen und physikalischen Eigenschaften der Metalle entscheidend beeinflusst (Abschnitt 2.2.6).

Tabelle 2-1: Einteilung von Kristallbaufehlern nach ihrer Geometrie [12]

| Dimension | Charakter | Beispiele |
|---|---|---|
| 0-D | Punktförmig | Leerstellen, Zwischengitteratome, Substitutionsatome |
| 1-D | Linienförmig | Versetzungen |
| 2-D | Flächenhaft | Stapelfehler, Grenzflächen (Oberflächen, Phasengrenzen, Groß- und Kleinwinkelkorngrenzen, Zwillingsgrenzen, Grenzen von Ordnungsbereichen) |
| 3-D | Räumlich | Anhäufung von Punktfehlern, Cluster, Ausscheidungen, Poren |

**Nulldimensionale Kristallbaufehler**

Gitterstörungen von atomarer Größenordnung entstehen dann, wenn Atome substituiert oder auf Zwischengitterplätzen untergebracht werden (Mischkristalle/Legierungen), wenn reguläre Gitterplätze nicht besetzt sind oder wenn Atome von regulären Gitterplätzen auf Zwischengitterplätze diffundieren. Die resultierenden Gitterverzerrungen bewirken eine

Verfestigung des Kristalls. Für das Bilden nulldimensionaler Gitterstörungen ist eine spezifische Aktivierungsenergie notwendig, wobei Zwischengitteratome im Vergleich zu Leerstellen eine wesentlich höhere Bildungsenergie benötigen [12].

**Eindimensionale Kristallbaufehler**

Durch Schubspannungen an Korn- und Phasengrenzen können Versetzungen entstehen, die hinsichtlich ihres inneren Aufbaus in Stufen- und Schraubenversetzungen unterteilt werden. Die durch Versetzungen gebildete Verzerrung des Kristallgitters kann nach Richtung und Größe mit dem Burgersvektor $\underline{\boldsymbol{b}}$ beschrieben werden. Mit einem vektoriellen Umlauf um die Versetzung und anschließendem Übertrag auf das ungestörte Gitter entsteht eine Wegdifferenz, deren Größe und Richtung durch den Burgersvektor repräsentiert wird.

Charakteristisch für die Stufenversetzung (eingeschobene Halbebene) ist die orthogonale Lage von Versetzungslinie und Burgersvektor, während sich die Schraubenversetzung durch die parallele Lage von Versetzungslinie und Burgersvektor auszeichnet. Beide Versetzungstypen kommen in realen Kristallen in der Regel in gemischter Form vor. In jedem Fall muss die Versetzungslinie in sich geschlossen sein oder an einer Grenzfläche enden [12], [13].

Bei ausreichend großen Schubspannungen können sich die Versetzungen im Kristall bewegen, allerdings nur in den Ebenen, die ihren Burgersvektor enthalten (Gleitebenen). Schraubenversetzungen können ihre Gleitebene wechseln, man spricht dann vom Quergleiten. Durch Anlagern von Leerstellen können Stufenversetzungen durch den Kristall wandern, was entsprechend der Bewegungsform als Klettern bezeichnet wird. Dieser Vorgang ist aufgrund der Verbindung zur Leerstellendiffusion stark temperaturabhängig und daher im Zusammenhang mit der Hochtemperaturverformung und vor allem dem Kriechen von besonderer Bedeutung [12], [14].

$$Q_V \sim G\underline{\boldsymbol{b}}^2 \qquad (2\text{-}14)$$

Die innere Energie des Kristalls wird durch die Versetzungen erhöht (Versetzungsenergie $Q_V$). Realkristalle mit Versetzungen können deshalb schon bei vergleichsweise geringen mechanischen Spannungen plastisch verformt werden. Die Versetzungsenergie ist unter anderem abhängig vom Schubmodul $G$ und vom Skalarprodukt des Burgersvektors $\underline{\boldsymbol{b}}^2$ (Gl. (2-14)). Da stets eine minimale Gesamtenergie des Systems angestrebt wird, sind die kürzesten Burgersvektoren im Gitter sowie bestimmte Aufspaltungen energetisch begünstigt [12].

**Zweidimensionale Kristallbaufehler**

Weicht die Stapelfolge von der regulären Form ab, so liegt ein Stapelfehler vor. Das ungestörte kfz-Gitter wird beispielsweise durch die dreifache Stapelfolge (...ABCABC...) von {111}-Gitterebenen gebildet. Ähnlich wie die Stapelfehler stellen auch die Antiphasengrenzen eine Störung der Stapelfolge im Kristallgitter dar. Allerdings treten sie nur bei Legierungen mit zumindest teilweise geordneter Atomverteilung auf (Mischkristalle).

In einem Kristall sind in der Regel Grenzflächen vorhanden, die als Übergangszonen zwischen geordneten aber unterschiedlich orientierten Kristalliten (Körnern) verstanden werden. Grenzflächen zwischen Kristalliten identischer Kristallstruktur werden als Homophasengrenzen (Korn- und Zwillingsgrenzen), Grenzflächen zwischen Gebieten verschiedener Kristallstruktur als Heterophasengrenzen (Phasengrenzen) bezeichnet. Abhängig von der Orientierungsdifferenz $\alpha$ zwischen angrenzenden Kristalliten unterscheidet man zwischen Klein- und Großwinkelkorngrenzen [12].

Zwillingsgrenzen zeichnen sich durch eine besonders niedrige Energie aus und können als Großwinkelkorngrenzen mit ungestörtem Gitteraufbau angesehen werden. Sie entsprechen einem halben Stapelfehler und haben die Eigenschaft einer Spiegelebene.

**Dreidimensionale Kristallbaufehler**

Unter diesem Begriff werden im Wesentlichen die Anhäufungen von Leerstellen oder Atomen zusammengefasst. Man spricht in dem Zusammenhang von Clustern (Zonen), bei Leerstellenansammlungen auch von Poren bzw. Mikroporen. Durch die Bildung eines Leerstellenkomplexes infolge thermischer Bewegungen von Einzelleerstellen wird die zuvor vorherrschende punktuelle Unordnung durch Wiederherstellung von Atombindungen behoben und somit die innere Energie des Kristalls herabgesetzt. Auch Ausscheidungen (Teilchen) und ihre möglichen Wechselwirkungen mit anderen Gitterdefekten (z. B. Versetzungen) zählen zu den dreidimensionalen Gitterstörungen [12].

### 2.2.2 Mechanische Belastung

Wird ein Festkörper durch Kräfte oder Momente mechanisch belastet, so erfährt der Werkstoff eine Beanspruchung, die durch im Körper auftretende Spannungen und deren Verteilung gekennzeichnet ist. Diese Spannungen können nach ihren Wirkrichtungen in

Normal- (Druck- oder Zugspannungen $\sigma_{ii}$, senkrecht zur Oberfläche) und Schubspannungen $\sigma_{ij}$ bzw. $\sigma_{ji}$ (scherende Wirkung, tangential zur Oberfläche) zerlegt werden.

$$\underline{\sigma}_{ij}(x,y,z) = \begin{pmatrix} \sigma_{xx} & \sigma_{xy} & \sigma_{xz} \\ \sigma_{yx} & \sigma_{yy} & \sigma_{yz} \\ \sigma_{zx} & \sigma_{zy} & \sigma_{zz} \end{pmatrix} \tag{2-15}$$

Die Komponenten der Spannungen können in einem Spannungstensor $\underline{\sigma}_{ij}(x,y,z)$ nach Gl. (2-15) zusammengefasst werden, dabei bezeichnet *i* die Richtung der Spannung und *j* die Flächennormale. An jedem Volumenelement werden durch den Spannungstensor Dehnungen hervorgerufen, die analog durch einen Dehnungstensor $\underline{\varepsilon}_{ij}(x,y,z)$ beschrieben werden können. Wählt man ein abweichend orientiertes Volumenelement, so ändern sich neben dem Elementkoordinatensystem auch die Raumrichtungen der einzelnen Spannungszustände. Allerdings wird dadurch der gesamte Spannungszustand nicht beeinflusst. Es lässt sich immer ein Koordinatensystem finden, in dem nur Normalspannungen existieren. Die Spannungen $\sigma_1$, $\sigma_2$ und $\sigma_3$ in Gl. (2-16) werden als Hauptspannungen bezeichnet.

$$\underline{\sigma} = \begin{pmatrix} \sigma_1 & 0 & 0 \\ 0 & \sigma_2 & 0 \\ 0 & 0 & \sigma_3 \end{pmatrix} \tag{2-16}$$

$$\sigma_{xx} + \sigma_{yy} + \sigma_{zz} = \sigma_1 + \sigma_2 + \sigma_3 = \text{const.} \tag{2-17}$$

$$\varepsilon_{xx} + \varepsilon_{yy} + \varepsilon_{zz} = \varepsilon_1 + \varepsilon_2 + \varepsilon_3 = \frac{\Delta V}{V} \tag{2-18}$$

Für jede beliebige Orientierung des Koordinatensystems ergibt die Summe der Normalspannungen eine konstante Größe, die identisch mit der Summe der Hauptspannungen ist (Gl. (2-17)). Gleiches gilt völlig analog für die Dehnungen (Gl. (2-18)), wobei die durch Summieren gebildete Gesamtdehnung der relativen Volumenänderung $\Delta V/V$ infolge elastischer Verformung entspricht.

Bei mehrachsigen Spannungszuständen ist es günstig, diese auf eine gleichwertige einachsige Zugspannung umzurechnen. Damit kann dann auf die Materialkenndaten aus einachsigen Zugversuchen zurückgegriffen werden. Nach einer der bekannten Festigkeitshypothesen wird dazu eine Vergleichsspannung $\sigma_V$ berechnet, wobei für Verformungen bei mehrachsiger Beanspruchung die Gestaltänderungsenergiehypothese nach von Mises sehr gute Ergebnisse liefert. In Hauptachsenform ergibt sich damit eine Vergleichsspannung nach Gl. (2-19). Für ein beliebig orientiertes Volumen müssen auch die Schubspannungskomponenten ($\sigma_{xy}$ … $\sigma_{zy}$) berücksichtigt werden (Gl. (2-20)), [14], [16], [23].

$$\sigma_V = \sqrt{\frac{1}{2}\left[\left(\sigma_1 - \sigma_2\right)^2 + \left(\sigma_1 - \sigma_3\right)^2 + \left(\sigma_2 - \sigma_3\right)^2\right]} \tag{2-19}$$

$$\sigma_V = \sqrt{\frac{1}{2}\left[\left(\sigma_{xx} - \sigma_{yy}\right)^2 + \left(\sigma_{yy} - \sigma_{zz}\right)^2 + \left(\sigma_{yy} - \sigma_{zz}\right)^2\right] + 3\left(\sigma_{yz}^2 + \sigma_{xz}^2 + \sigma_{xy}^2\right)} \tag{2-20}$$

Durch die Beanspruchungen des Festkörpers entstehen Verformungen, bei der sich die Atome im Inneren des Werkstoffs verschieben. Je nachdem, ob der Werkstoff nach der Entlastung wieder seine ursprüngliche Form annimmt oder nicht, unterscheidet man zwischen reversibler (elastischer) und irreversibler (plastischer) Verformung. Überschreitet die Beanspruchung die mechanische Festigkeit des Werkstoffs, kann es schließlich zum Bruch, also zur Zerstörung der Bindungen im Festkörper kommen. Weisen Metalle eine kfz-Struktur auf (Cu, Al, ...), so ist der Anteil an irreversibler Verformung recht hoch. Man spricht in diesem Zusammenhang von einem duktilen Verhalten (Duktilität). Weiterhin kann zwischen zeitabhängiger[2)] und zeitunabhängiger Verformung unterschieden werden, wodurch sich insgesamt vier verschiedene Verformungsarten ergeben. Zeitabhängige elastische Verformung tritt praktisch ausschließlich bei Polymeren auf und ist demnach für metallische Werkstoffe nicht relevant [12], [14], [23].

Alle möglichen Formänderungen eines Festkörpers können durch die Kombination von Längenänderungen und Winkelverzerrungen (Scherungen) beschrieben werden. Die zugehörigen bezogenen Größen sind die Normaldehnung $\varepsilon$ (technische Dehnung) bei Normalbelastung und die Scherung $\gamma$ bei Schubbelastung [14].

### 2.2.3 Elastische Verformung

Bei elastischem Materialverhalten besteht zwischen Spannungen und Dehnungen ein eindeutiger zeitunabhängiger Zusammenhang, der bei linearer Elastizität durch das verallgemeinerte Hookesche Gesetz nach Gl. (2-21) gegeben ist. Dieser mathematische Zusammenhang gilt zwar nur für kleine Verformungen, allerdings ist bei Metallen der elastische Anteil aller Verformungen immer als klein anzusetzen.

---

2) Wird durch die Vorsilbe *visko-* gekennzeichnet

$$\underline{\sigma}_{ij} = \underline{c}_{ijkl} \cdot \underline{\varepsilon}_{kl} \qquad (2\text{-}21)$$

Der Tensor der elastischen Konstanten $\underline{c}_{ijkl}$ ist ein Tensor 4. Stufe, der 81 Komponenten enthält ($3^4$). Für kubische Kristalle bzw. vollständig isotrope amorphe und feinkristalline Werkstoffe, damit für die gebräuchlichsten technischen Werkstoffe, lässt sich die Anzahl der unabhängigen elastischen Konstanten zunächst auf zwei reduzieren. Bei weiterem Einschränken auf einachsige Belastungen ergeben sich die bekannten elastischen Konstanten Elastizitätsmodul (E-Modul) $E$, Querkontraktionszahl (Poissonzahl) $\nu$, Schubmodul $G$ und Kompressibilität (Kompressionsmodul) $K$, die durch entsprechende Beziehungen miteinander verknüpft sind [12], [14]:

$$G = \frac{E}{2(1+\nu)} \qquad \text{und} \qquad K = \frac{E}{3(1-2\nu)} . \qquad (2\text{-}22)$$

Das allgemeine Hookesche Gesetz nach Gl. (2-21) beschreibt den einachsigen Spannungszustand bei isotropem Werkstoffverhalten wie folgt:

$$\text{Normalspannung:} \qquad \sigma = E\,\varepsilon \;, \qquad (2\text{-}23)$$

$$\text{Schubspannung:} \qquad \tau = G\,\gamma \;. \qquad (2\text{-}24)$$

Der $E$-Modul entspricht dem zu überwindenden Widerstand zum Verschieben der Atome aus ihrer Gleichgewichtslage bei elastischer Verformung (Gitterverzerrungen). Da dieser Widerstand von der Bindungsenergie abhängt, werden die elastischen Konstanten bei höherer Temperatur tendenziell kleiner. So haben Werkstoffe mit einer hohen Schmelztemperatur in der Regel auch einen großen E-Modul [12].

Bei einer positiven Dehnung $\varepsilon$ des Festkörpers in Normalrichtung entsteht zusätzlich eine negative Dehnung (Stauchung) in Querrichtung, die allgemein als Querkontraktion $\varepsilon_q$ bezeichnet wird [14]:

$$\varepsilon_q = -\nu\,\varepsilon \qquad \text{oder} \qquad \varepsilon_{yy} = \varepsilon_{zz} = -\nu\,\varepsilon_{xx} \qquad \text{(Zugspannung in x-Richtung)} \qquad (2\text{-}25)$$

### 2.2.4 Anelastische Verformung

Wenn das elastische Verhalten eines Festkörpers von der Verformungsgeschwindigkeit abhängt, also bei Be- und Entlastung eine Hystereseschleife feststellbar ist, wird dies als Anelastizität bezeichnet. Die anelastische Verformung ist zwar zeitabhängig aber strukturell vollständig reversibel. Sie kann beispielsweise durch Platzwechselvorgänge gelöster Fremdatome oder durch Deformation von Versetzungssegmenten hervorgerufen werden (innere Reibung) [12].

Bei monotoner Belastung $\sigma = \text{const.}$ kommt es damit zu einer zeitabhängigen Dehnung (Retardation), während analog dazu eine zeitabhängige Spannungsabnahme (Relaxation) bei monotoner Dehnung $\varepsilon = \text{const.}$ auftritt. Hat die Belastung einen zyklischen Charakter, so kommt es infolge der inneren Reibung zu entsprechenden Reibungsverlusten, was als Hystereseschleife im Spannungs-Dehnungs-Diagramm sichtbar wird. Kommt es aufgrund von Retardation oder Relaxation zu zeitabhängigen irreversiblen Strukturänderungen, so wird dies allgemein als Kriechen bezeichnet [12].

### 2.2.5 Plastische Verformung

Die Plastizität zählt neben der Festigkeit und dem Verfestigungsvermögen zu den wesentlichen Eigenschaften metallischer Werkstoffe. Bei der plastischen Verformung von Metallen haben eindimensionale Kristallbaufehler, also die Stufen- und Schraubenversetzungen (Abschnitt 2.2.1), einen sehr großen Einfluss. Sie liefern eine Erklärung für die Differenz zwischen den hohen theoretischen und den in der Praxis vergleichsweise geringen Kräften, die zur plastischen Verformung führen. Das zum plastischen Verformen von Metallen notwendige Verschieben benachbarter Gitterebenen erfordert in Idealkristallen eine sehr große Kraft, während das Verschieben bei einer lokalen Störung mit wesentlich kleineren Kräften möglich ist. Versetzungen gelten daher als Träger der Plastizität metallischer Werkstoffe [8], [12], [13], [14].

Während beim Herstellen von Bauteilen plastische Deformationen zur Formgebung ausgenutzt werden (Walzen, Tiefziehen, Schmieden), sind diese beim späteren Einsatz der Werkstoffe meist unerwünscht. Das plastische Verhalten von festen Werkstoffen wird in den meisten Fällen durch einachsige Zugversuche ermittelt (DIN EN 10 002-1:2001), in denen die Grenze zwischen elastischer und plastischer Verformung ermittelt werden kann. Dabei werden die Proben[3)] mit konstanter Geschwindigkeit gezogen und die Längenänderung $\Delta L$ sowie die Kraft $F$ gemessen. Daraus lassen sich die technische Spannung $\sigma$ und die technische Dehnung $\varepsilon$ berechnen:

---

[3)] Für vergleichbare Ergebnisse werden meist genormte Probenformen verwendet

$$\sigma(\Delta L) = \frac{F(\Delta L)}{S_0} \qquad (S_0 \text{ ... Anfangsquerschnitt})\,, \tag{2-26}$$

$$\varepsilon(\Delta L) = \frac{\Delta L}{L_0} \qquad (L_0 \text{ ... Anfangslänge})\,. \tag{2-27}$$

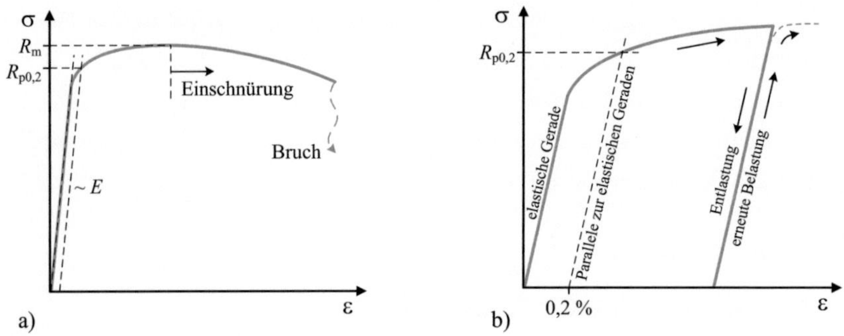


Bild 2-4: Spannungs-Dehnungs-Diagramme eines Metalls beim Zugversuch
a) Prinzipieller Verlauf b) Be- und Entlastung während des Zugversuchs

Bild 2-4 zeigt eine für Metalle typische Spannungs-Dehnungs-Kurve. Zunächst verhält sich die Probe fast vollständig elastisch; der Kurvenanstieg entspricht dem Elastizitätsmodul. Mit zunehmender Spannung geht die elastische schließlich in plastische Verformung über, wobei als Grenzwert allgemein die Dehngrenze $R_{p0,2}$ festgelegt wird. Diese entspricht dem Spannungswert, bei dem eine bleibende Dehnung von 0,2 % entsteht. Das Maximum der erreichten Spannung vor der Einschnürung und dem anschließenden Bruch der Probe wird als Zugfestigkeit $R_m$ bezeichnet. Das Phänomen der mit zunehmender plastischer Verformung zunächst ansteigenden Spannung bezeichnet man als Verfestigung. Die Steigung in diesem Bereich der Spannungs-Dehnungs-Kurve kann näherungsweise durch den Verfestigungskoeffizienten $E_T$ beschrieben werden, also im Prinzip analog zum E-Modul im elastischen Bereich.

Für sehr kleine Dehnungen liefert die technische Dehnung $\varepsilon$ nach Gl. (2-27) ausreichend genaue Werte. Bei Dehnungen im plastischen Bereich ist es dagegen günstiger, die Längenänderungen $d\ell$ auf die jeweils aktuelle Länge $\ell$ zu beziehen (Gl. (2-28)). Durch Integration von Gl. (2-28) ergibt sich schließlich die als wahre Dehnung $\varepsilon_w$ bezeichnete Gesamtdehnung nach Gl. (2-29). Für Anwendungen, bei denen der Werkstoff bis zur Elastizitätsgrenze oder schon leicht darüber beansprucht wird, kann es zweckmäßig sein, die durch Zugversuche ermittelten technischen Spannungen und Dehnungen in ihre wahren Werte umzurechnen [13], [14].

$$d\varepsilon_w = \frac{d\ell}{\ell} \tag{2-28}$$

$$\varepsilon_w = \int_{\ell_0}^{\ell} \frac{d\ell}{\ell} = \ln\frac{\ell}{\ell_0} = \ln\left(1+\frac{\Delta\ell}{\ell_0}\right) = \ln(1+\varepsilon) \approx \varepsilon - \frac{1}{2}\varepsilon^2 \tag{2-29}$$

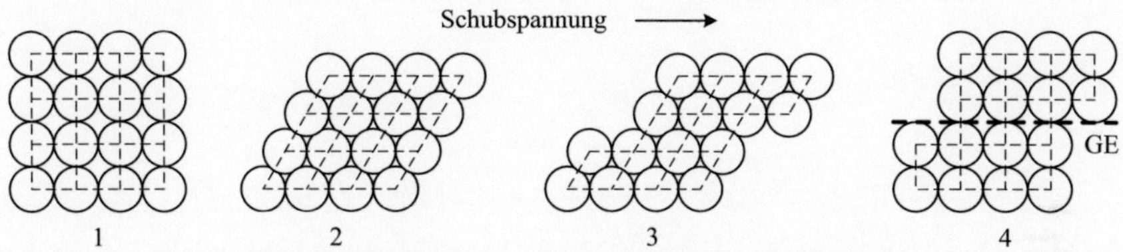


Bild 2-5: Plastische Verformung durch Abgleiten im idealen Kristallgitter
1 ... unverformt; 2 ... elastisch verformt; 3 ... plastisch verf.; 4 ... nach Entlasten; GE ... Gleitebene

Bei kristallinen Festkörpern treten irreversible Verformungen dann auf, wenn die mechanische Beanspruchung oberhalb eines bestimmten Schwellwertes liegt (Fließ- oder Streckgrenze). In Einkristallen erfolgt die plastische Verformung zum größten Teil durch das Abgleiten von Atomschichten entlang bestimmter Gleitebenen und Gleitrichtungen (Bild 2-5), die allgemein als Gleitsystem zusammengefasst werden. Gleitebenen werden in der Regel durch die am dichtesten mit Atomen besetzten Gitterebenen gebildet. Das Abgleiten erfolgt in den Richtungen größter Packungsdichte (Gleitrichtung). Ein Realkristall mit Versetzungen wird schon bei deutlich kleineren mechanischen Spannungen plastisch verformt (Abschnitt 2.2.6).

Ein weiterer Mechanismus zur plastischen Verformung ist die mechanische Zwillingsbildung. Dieser Mechanismus ist vor allem dann von Bedeutung, wenn nur wenige Gleitmöglichkeiten im Gitter vorhanden sind (z. B. bei intermetallischen Phasen). Die erreichten Verformungen sind allerdings wesentlich geringer als beim Abgleiten.

Das Korngrenzengleiten ist ein Verformungsmechanismus, der zum Erhalt der Kompatibilität von Körnern im Gefüge dient und deshalb besonders bei Diffusionsvorgängen und dem Kriechen eine wichtige Rolle spielt (Abschnitt 2.4) [12].

### 2.2.6 Versetzungen

Versetzungen erzeugen durch das Verzerren des Kristallgitters elastische Spannungen, die beispielsweise bei Stufenversetzungen auf der Seite der eingeschobenen Halbebene Druck- und auf der gegenüberliegenden Seite Zugspannungscharakter besitzen. Die auf diese Weise in der Umgebung einer Versetzung gespeicherte elastische Energie hat zur Folge, dass zum Bewegen einer Versetzung ein zusätzlicher Energiebetrag notwendig ist. Die Energie pro Längeneinheit einer Versetzung $Q_{VL}$[4)] kann nach Gl. (2-30) näherungsweise abgeschätzt werden und wird als Linienspannung bezeichnet [14].

$$Q_{VL} \approx \frac{G \underline{\boldsymbol{b}}^2}{2} \tag{2-30}$$

In realen Metallen liegt die Versetzungsdichte zwischen $10^{12}$ und $10^{16}$ cm$^{-2}$ [14], die infolge der plastischen Verformung um mehrere Zehnerpotenzen ansteigen kann. Ein Modell für das Bilden neuer Versetzungen ist die Versetzungsquelle nach Frank und Read, die zunächst von einer an zwei Punkten fixierten Versetzungslinie in einer Gleitebene ausgeht. Durch eine eingeprägte Schubspannung biegt sich das verankerte Segment durch, bis sich schließlich zwei entgegengesetzt orientierte Versetzungsarme gegenseitig auslöschen und ein Versetzungsring abgelöst werden kann.

Der Anstieg der Versetzungsdichte führt zu einer zunehmenden gegenseitigen Behinderung der Versetzungsbewegungen, da sich ihre Spannungsfelder überlagern. Damit werden die erforderlichen Schubspannungen zum Bewegen von Versetzungen größer, was sich in einer mechanischen Verfestigung äußert (Verformungsverfestigung, Kaltverfestigung).

In Mischkristallen werden Versetzungsbewegungen ebenfalls erschwert (Mischkristallverfestigung). Durch die symmetrische Verzerrung der Umgebung eines Fremdatoms bei einem Substitutionsmischkristall bildet sich ein Normalspannungsfeld aus, das sich mit dem Spannungsfeld einer Versetzung überlagert. In der Regel kann bei Einlagerungsmischkristallen eine größere Verfestigung als bei Substitutionsmischkristallen erreicht werden, da Zwischengitteratome anisotrope Gitterverzerrungen hervorrufen und die dadurch hervorgerufenen Spannungen mit jedem Versetzungstyp in Wechselwirkung treten können.

---

[4)] Typische Größenordnung: $Q_{VL} \approx 10^{-9}$ N

Eine Versetzung ändert bei ihrer Bewegung durch das ungestörte Kristallgitter ihre atomare Struktur, was mit einer Änderung ihrer Energie verbunden ist. Die maximal erforderliche Energie $E_P$ für die Versetzungsbewegung wird als Peierls-Energie bezeichnet. Sie entspricht einer äquivalenten Mindestspannung $\tau_P$ (Peierls-Spannung), die bei kubisch flächenzentrierten und hexagonal dichtest gepackten Metallen ungefähr $\tau_P = 10^{-5} \cdot G$ beträgt [14].

### 2.2.6.1 Bewegung und Wechselwirkung von Versetzungen

Eine Versetzung kann sich durch den Kristall bewegen (Gleiten), wenn die auf sie wirkenden Schubspannungen hinreichend groß sind. Günstig wirken sich dabei die gestreckten bzw. gestauchten Bindungen in der Umgebung einer Versetzung aus, wie am Beispiel des Gleitens einer Stufenversetzung in Bild 2-6 zu sehen ist.

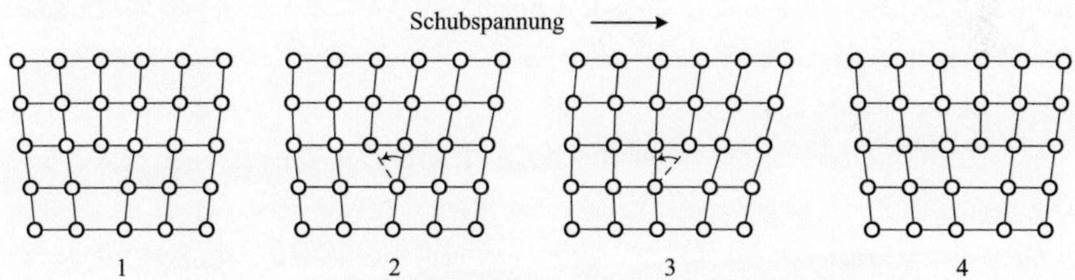


Bild 2-6: Plastische Verformung durch Gleiten einer Stufenversetzung
1 ... unbelastet; 2 ... elastisch verformt; 3 ... plastisch verformt, umgeklappte Bindung; 4 ... unbelastet, aber plastisch verformt

Wird eine verlängerte Bindung in Richtung der Schubspannung weiter gestreckt, so kann das betroffene Atom in der unteren Kristallebene seinen Bindungspartner wechseln, also mit dem nächstgelegenen Atom der eingeschobenen Halbebene eine neue Bindung eingehen. So kann unter Beanspruchung durch eine Schubspannung die obere Kristallhälfte schrittweise gegen die untere verschoben werden. Dabei ist kein simultanes Bewegen der Atome notwendig, wie es beim ungestörten Kristall der Fall wäre.

Im Gegensatz zur Stufenversetzung wandert bei einer Schraubenversetzung die Versetzungslinie quer zur eingeprägten Schubspannung, wobei das Umklappen der Bindungen völlig analog abläuft (Quergleiten).

Die Gleitrichtung wird durch den Versetzungstyp und damit den Burgersvektor $\underline{b}$ bestimmt. In Kombination mit der dazugehörigen Gleitebene, also der Trennebene zwischen den gegeneinander verschobenen Kristallsegmenten, spricht man von einem Gleitsystem. Während bei einer Stufenversetzung die Gleitebene eindeutig festgelegt ist, können Schraubenversetzungen auf verschiedenen Ebenen gleiten, wodurch Hindernisse mittels

Quergleiten umgangen werden können. Bei Stufenversetzungen ist dies dagegen erst bei relativ hohen Temperaturen oberhalb von 40 % der absoluten Schmelztemperatur durch Klettern möglich.

Da bei jedem Kristalltyp nur definierte Burgersvektoren gebildet werden können, ergibt sich jeweils nur eine bestimmte Anzahl von Gleitsystemen. Dabei entstehen sowohl Gleitebenen als auch Gleitrichtungen bevorzugt in dichtest gepackten Ebenen, da dort die zum Abgleiten benötigte Energie minimal ist.

Infolge der Versetzungsbewegungen kann es auch zum Auslöschen von Versetzungen kommen (Annihilierung), und zwar dann, wenn sich zwei Versetzungen auf derselben Gleitebene aufeinander zu bewegen. Die Wahrscheinlichkeit dafür ist umso größer, je größer die Versetzungsdichte im Kristall ist, so dass sich bei zunehmender plastischer Verformung ein Gleichgewicht zwischen Entstehung und Annihilierung von Versetzung einstellen kann. Bei höheren Temperaturen ist durch zunehmende Klettervorgänge von Stufenversetzungen mit größeren Wahrscheinlichkeiten für eine Annihilierung zu rechnen, weshalb die Versetzungsdichte dann kleiner wird (Erholung). Das Gleiten (Stufenversetzungen) bzw. Quergleiten (Schraubenversetzungen) sowie das Schneiden von Versetzungen ist ab einer homologen Temperatur[5)] von 0,2 $T_m$ vollständig thermisch aktiviert (CuBe2 bei 20 °C: 0,23 $T_L$[6)]) [14], [16].

### 2.2.6.2 Prinzipielle Möglichkeiten zum Überwinden von Hindernissen

Durch Ausscheidungen, Korngrenzen oder Fremdatome werden Versetzungen in ihrer Bewegung behindert. Derartige Hindernisse können durch athermische oder thermisch aktivierte Vorgänge überwunden werden.

Je nach Art des Hindernisses kann eine Versetzung dieses entweder umgehen oder durch dieses hindurchlaufen (schneiden). Zunächst kommt es unter Einwirken einer Schubspannung zum Verbiegen einer Versetzungslinie an einem Hindernis. Der vorherrschende Mechanismus zum Überwinden dieses Hindernisses wird im Wesentlichen durch die Hindernisstärke und dem Abstand zwischen den Hindernissen bestimmt. Je kleiner die Hindernisabstände ($2\lambda$) sind, desto größer ist die zum Überwinden eines Hindernisses erforderliche mechanische Spannung. Bei ausreichender Hindernisstärke findet ein Umgehungsmechanismus statt, der

---

5) Die homologe Temperatur bezeichnet das Verhältnis der aktuellen Temperatur $T$ zur Schmelztemperatur $T_m$ des Werkstoffs

6) Bei Werkstoffen mit einem Schmelzbereich wird die Liquidustemperatur $T_L$ als Bezugsgröße angegeben

als Orowan-Mechanismus bezeichnet wird und eine gewisse Mindestspannung (Orowan-Spannung) erfordert. Die Orowan-Spannung $\tau_{OR}$ ergibt sich aus dem Kräfte-Gleichgewicht an der Versetzungslinie, wobei auch die Linienspannung nach Gl. (2-30) berücksichtigt wird:

$$\tau_{OR} = \frac{G\,b}{2\,\lambda} \tag{2-31}$$

Die Versetzung wird um das Hindernis soweit gebogen, bis sich benachbarte Versetzungssegmente durch die gegenseitige Anziehung ihrer Spannungsfelder annihilieren können. Bei diesem Vorgang entstehen Versetzungsringe um die Hindernisse sowie eine freie Versetzung.

Das Umgehen von Hindernissen nach dem Orowan-Mechanismus ist nicht möglich, wenn die Hindernisstärke nicht ausreicht, um die Versetzung festzuhalten. In diesem Fall wird die Versetzungsbewegung durch das Hindernis nicht aufgehalten; es kommt zum sogenannten Schneiden. Dabei kann das Hindernisgebiet abgeschert werden, wenn dessen Gleitsystem dem des umliegenden Materials entspricht. Das ist bei aufeinandertreffenden Versetzungen immer der Fall.

Bei Ausscheidungen und anderen Teilchen ist dies grundsätzlich möglich, wenn diese kohärent sind (Abschnitt 2.3.2). Teilkohärente Teilchen können dann abgeschert werden, wenn die Versetzung durch Quergleiten oder Klettern ihre Gleitebene wechseln kann, während dies bei inkohärenten Teilchen nicht möglich ist. Die festigkeitsbestimmenden metastabilen Ausscheidungen der $\gamma'$-Phase bei CuBe2 sind teilkohärent und können daher prinzipiell durch Schneiden überwunden werden (s. a. Abschnitt 2.4.3). Da diese Ausscheidungen aber sehr fein und homogen verteilt sind, ist die zum Schneiden erforderliche Spannung vergleichsweise groß.

Schraubenversetzungen können Hindernisse durch Quergleiten umgehen, auch wenn die Schubspannung für den Orowan-Mechanismus oder das Schneiden nicht ausreicht. Dazu muss die Schraubenversetzung ihre primäre Gleitebene verlassen und auf eine sekundäre oder Quergleitebene ausweichen. Da diese Ebene in der Regel nicht die gleiche Orientierung wie die primäre Gleitebene hat, ist in dem Fall die auf die Schraubenversetzung wirkende äußere Schubspannung geringer. Dennoch ist meistens der Quergleitvorgang energetisch günstiger, da auf der sekundären Gleitebene die effektive Schubspannung aufgrund der fehlenden Hindernisbeeinflussung größer ist als auf der primären Gleitebene.

Wenn die äußere Schubspannung nicht ausreicht, damit Versetzungen ein Hindernis umgehen können, so kann der fehlende Energiebetrag $\Delta E$ durch thermische Aktivierung aufgebracht werden.

$$P \sim \mathrm{e}^{-\frac{\Delta E}{\mathrm{k}T}} \tag{2-32}$$

Die Wahrscheinlichkeit $P$ dafür ist umso größer, je niedriger die Energiebarriere und je größer die thermische Energie ist (Gl. (2-32) mit der Boltzmann-Konstanten k und der absoluten Temperatur $T$) [14].

## 2.3 Eigenschaften von Legierungen

Durch das Legieren von metallischen Werkstoffen werden die mechanischen und physikalischen Eigenschaften stark beeinflusst. Es wird eine höhere mechanische Festigkeit erreicht, da die Versetzungen (als Träger der Plastizität) in ihren Bewegungen eingeschränkt werden. Nachteilig wirkt sich das Legieren vor allem auf die elektrische Leitfähigkeit aus, die bei Kupfer schon durch geringe Verunreinigungen erheblich reduziert wird (Abschnitt 2.3.5).

Grundsätzlich kann hinsichtlich der Gefügestruktur zwischen homogenen und heterogenen Legierungen unterschieden werden. Homogene Legierungen (Mischkristalle) zeichnen sich durch ein Gefügebild wie bei reinen Metallen aus (einphasig). Die Gitterstruktur des Grundmaterials bleibt erhalten. Allerdings müssen gewisse Voraussetzungen in Bezug auf Kristallstruktur, Atomradien und Wertigkeit erfüllt sein, damit es zur Bildung von Mischkristallen kommt. Ist dies nicht oder nur teilweise der Fall, treten Mischungslücken auf, in denen die Legierungen zweiphasig (heterogen) kristallisieren und damit ausscheidungshärtbar sind. Die mechanischen und physikalischen Eigenschaften sind damit nicht nur vom Mischungsverhältnis, sondern auch von der Homogenität der Legierungen abhängig [8].

### 2.3.1 Mischkristalle

Bei metallischen Werkstoffen wird die hinzulegierte Komponente in das Matrixgitter eingebaut; es findet eine Mischung im atomaren Bereich statt. In Bezug auf die Löslichkeit können primäre und intermediäre Mischkristalle unterschieden werden, wobei letztere nicht über den gesamten Konzentrationsbereich einphasig sind (intermetallische Phasen). Lagern sich die Legierungsatome auf Zwischengitterplätzen des Matrixgitters an, spricht man von interstitiellen Mischkristallen (Einlagerungsmischkristalle), während bei Substitutionsmischkristallen reguläre Gitterplätze der Matrix besetzt werden.

Einlagerungsmischkristalle werden bei Legierungsatomen mit kleinen Atomradien gebildet, da die Größe der Gitterlücken vergleichsweise gering ist. In den meisten Fällen kommt es dann zu elastischen Verzerrungen durch die eingelagerten Atome, wodurch die Löslichkeitsgrenze durch eine erhöhte Energie stark herabgesetzt wird. Bei binären Systemen werden in den meisten Fällen Substitutionsmischkristalle gebildet, deren Löslichkeit bei unterschiedlicher Gitterstruktur der Legierungspartner (Cu - kfz; Be - hdP) oder einem zu großen Atomradienunterschied (> 15 %) begrenzt sein kann ($r_{Cu} : r_{Be} \approx 1{,}286$[7)]) [13]. So können beispielsweise bei Raumtemperatur weniger als 0,1 Gewichtsprozent Beryllium in der Kupfer-Matrix gelöst werden (Abschnitt 2.3.5).

In der Regel sind die unterschiedlichen Atomarten im Mischkristall nicht ideal statistisch verteilt. Es können sich Cluster bilden, die zu einer stärkeren Verzerrung des Kristallgitters führen (dreidimensionale Gitterstörungen). Daraus resultieren die typischen Eigenschaften von Mischkristallen gegenüber den unlegierten Metallen, nämlich eine geringere elektrische und thermische Leitfähigkeit in Verbindung mit einer größeren Festigkeit und Härte bzw. Sprödigkeit. Die Erhöhung der mechanischen Festigkeit gegenüber dem Reinmetall wird auch als Mischkristallhärtung bezeichnet [12].

### 2.3.2 Ausscheidungshärtung

Es existieren neben der reinen Mischkristallbildung viele Methoden, um die Festigkeit zu erhöhen, von denen besonders die Ausscheidungshärtung im Hinblick auf die zu untersuchenden CuBe2-Kontaktlamellen von Bedeutung ist. Als weitere Verfahren können an dieser Stelle Versetzungs- (Kaltverformung), Korngrenzen- und Texturverfestigung genannt werden [8]. Das Prinzip der Ausscheidungshärtung beruht auf der feinen und homogenen Ausscheidung einer zweiten Phase (CuBe2: Metastabile $\gamma'$-Phase) bei der Warmauslagerung eines übersättigten Mischkristalls. Ein Mischkristall, in dem sich bei Raumtemperatur zwei Phasen im Gleichgewicht befinden, wird zunächst bei hoher Temperatur lösungsgeglüht und im Anschluss daran auf eine deutlich niedrigere Temperatur in kürzester Zeit abgekühlt (abgeschreckt). Damit wird der Mischkristall übersättigt; das System ist zunächst noch einphasig. Infolge einer längeren Wärmebehandlung (Warmauslagern, Altern) erhöht sich dann die Beweglichkeit der Atome soweit, dass im Zeitraum von wenigen Stunden eine zweite Phase gebildet wird (Ausscheidungsteilchen) [8]. Das Bilden der Keime und

[7)] Atomradius Cu: $r_{Cu} = 135$ pm (empirisch); Atomradius Be: $r_{Be} = 105$ pm (empirisch) [60]

Ausscheidungen ist ein diffusionsgesteuerter Prozess. In Abschnitt 2.3.5 wird das Prinzip der Ausscheidungshärtung am Beispiel von Kupfer-Beryllium (CuBe2) näher erläutert.

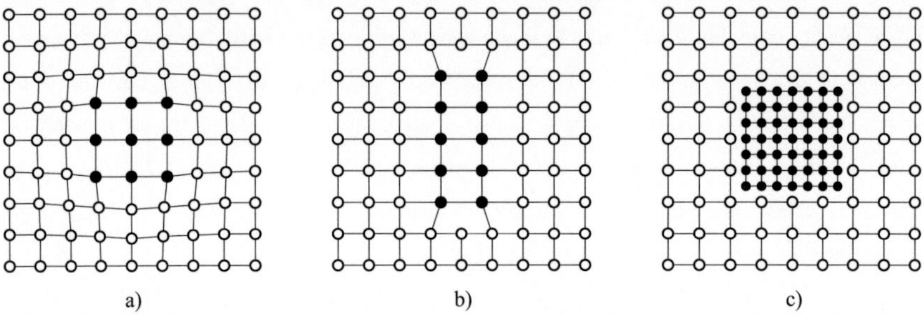

Bild 2-7: Struktur von Phasengrenzflächen: a) kohärent; b) teilkohärent; c) inkohärent

Hinsichtlich der Phasengrenzflächen gibt es drei Arten von Ausscheidungen (Bild 2-7). Bei kohärenten Phasengrenzflächen setzt sich die Gitterstruktur der Matrix in der Ausscheidung fort; es kommt zu leichten elastischen Verzerrungen. Werden die meisten Gitterebenen der Matrix in der Ausscheidung stetig fortgesetzt, es aber aufgrund von recht großen Unterschieden in den Gitterparametern zu Stufenversetzungen im Bereich der Grenzflächen kommt, spricht man von teilkohärenten Phasengrenzflächen. Inkohärent sind die Grenzflächen dann, wenn entweder die Gitterstruktur beider Phasen verschieden ist oder die Orientierung von Matrixgitter und Ausscheidung bei ähnlicher Struktur nicht übereinstimmt. In den meisten Fällen ist die Gitterstruktur von Ausscheidungen und Matrix verschieden, weshalb inkohärente Phasengrenzen am häufigsten vorkommen. Inkohärente Ausscheidungen bilden sich bevorzugt an Gitterfehlern wie Versetzungen oder Korngrenzen aus [12], [13], [14], [16].

Die mechanische Verfestigung der Legierung ergibt sich schließlich durch die Wechselwirkung von Versetzungen und Ausscheidungsteilchen (Abschnitt 2.2.6.2). Die ausgeschiedenen Teilchen der zweiten Phase sollten möglichst klein und homogen verteilt sein (kontinuierliche Ausscheidungen), um eine größtmögliche Einschränkung der Versetzungsbewegungen im Material zu erreichen. Ein zusätzlicher Beitrag zur Verfestigung kann dann registriert werden, wenn sich einige Atome in der Hauptphase lösen und dort einen Mischkristall bilden [14].

### 2.3.3 Beeinflussung der elektrischen Leitfähigkeit

Die elektrische Leitfähigkeit eines Metalls wird durch die hohe Beweglichkeit der Elektronen bestimmt. Durch temperaturabhängige Gitterschwingungen und Gitterstörungen, wie beispielsweise durch gelöste Atome (Mischkristallhärtung), Versetzungen oder kleine Teilchen einer zweiten Phase (Ausscheidungshärtung), nimmt die elektrische Leitfähigkeit ab. Die Leitungselektronen werden an diesen Hindernissen gestreut. Der spezifische elektrische Widerstand $\rho$ setzt sich aus dem Grundwiderstand des reinen Metalls bei 0 K, $\rho_0$, dem temperaturabhängigen Anteil $\Delta\rho_T$ sowie dem durch Gitterstörungen verursachten Anteil $\Delta\rho_G$ zusammen:

$$\rho = \rho_0 + \Delta\rho_T + \Delta\rho_G . \tag{2-33}$$

Durch die bei Mischkristallen gelösten Fremdatome ist die Widerstandserhöhung deutlich größer als bei ausscheidungsgehärteten Legierungen. Neben dem Erreichen von sehr hohen Festigkeiten trägt die Ausscheidungshärtung auch zu einer Erhöhung der Gitterperiodizität bei, wodurch die elektrische Leitfähigkeit verbessert wird. Für den Fall der Ausscheidungshärtung ergibt sich der größere spezifische elektrische Widerstand additiv aus den volumenanteiligen spezifischen elektrischen Widerständen $\rho_i f_i$ von zwei oder mehreren vorliegenden Phasen:

$$\rho = \rho_\alpha f_\alpha + \rho_\beta f_\beta = \rho_\alpha f_\alpha + \rho_\beta \left(1 - f_\alpha\right) \tag{2-34}$$

Die elektrische Leitfähigkeit kann durch die Teilchengröße der ausgeschiedenen Phasen beeinflusst werden und damit durch eine entsprechend optimierte Wärmebehandlung [8], [15].

### 2.3.4 Ostwald-Reifung

Ausscheidungsgehärtete Legierungen können nur eingeschränkt bei hohen Temperaturen eingesetzt werden, da die ausgeschiedenen Teilchen bei höherer Temperatur größer werden und ab einer bestimmten Temperatur auch wieder in der Matrix gelöst werden können. Bei Temperaturen unterhalb einer homologen Temperatur von 0,4 $T_m$ können die Gefügestrukturen als stabil oder zumindest metastabil angenommen werden. Verteilung, Geometrie, Art und Menge der ausgeschiedenen Teilchen zeigen eine gute Langzeitbeständigkeit. Für höhere Temperaturen geht das Phasengefüge jedoch in einen instabilen Zustand über, in dem es zur Vergröberung der ausgeschiedenen Teilchen kommt, häufig als Ostwald-Reifung bezeichnet. Das Wachstum großer Ausscheidungsteilchen durch Auflösen kleinerer Teilchen wird durch das Streben des Gesamtsystems nach einer minimalen Grenzflächenenthalpie angetrieben. Kleinere Teilchen haben durch ihre große

Flächenkrümmung auch eine hohe Grenzflächenenthalpie, weshalb die Diffusionsprozesse der ausgeschiedenen Fremdatome so gerichtet sind, dass die vielen kleinen zu wenigen großen Teilchen vereinigt werden. Dieser Umlösungsprozess führt zu einem geringeren mittleren Teilchenabstand und damit zu einer geringeren Festigkeit (Überalterung). Beschreiben lässt sich das Wachstum des Durchmessers der ausgeschiedenen Teilchen $d_T$ unter der Annahme von Volumendiffusion nach der LSW-(Lifšic-Slezov-Wagner)-Theorie:

$$d_T \sim (\underbrace{D\,\gamma\,c_0}_{=k}\,t)^{1/3}\,. \tag{2-35}$$

Nach dem Zeitgesetz (Gl. (2-35)) ist $d_T$ von dem Diffusionskoeffizienten $D$, der spezifischen Grenzflächenenthalpie $\gamma$ und der Sättigungskonzentration der Fremdatome im Wirtsgitter $c_0$ abhängig. Hochtemperaturbeständige und kriechfeste ausscheidungsgehärtete Materialien kennzeichnet ein möglichst kleiner Wert für das Produkt $k$. [8], [12]

### 2.3.5 Kupfer-Beryllium-Legierung

Kupfer-Beryllium zählt zu den Knetlegierungen (DIN EN 1654:1997) und zeichnet sich abhängig von der Zusammensetzung durch eine hohe mechanische Festigkeit und/oder eine vergleichsweise hohe elektrische Leitfähigkeit aus und ist zudem unmagnetisch. Das für die Kontaktlamellen eingesetzte CuBe2[8)] weist von allen kommerziellen Legierungen auf Kupferbasis die größte mechanische Festigkeit und Härte auf und bietet zudem eine sehr hohe Widerstandsfähigkeit gegen Spannungsrelaxation bei erhöhten Temperaturen. Im ausgehärteten Zustand beträgt die minimale elektrische Leitfähigkeit von CuBe2 22 % IACS (International Annealed Copper Standart), was einem Wert von 12,8 S m/mm$^2$ entspricht. Der Schmelzbereich liegt zwischen $T_S$ = 865 °C (Solidus) und $T_L$ = 980 °C (Liquidus) [54], [55].

Die Kupfer-Beryllium-Legierung CuBe2[8)] ist warm aushärtbar und enthält (1,8 bis 2,1) Gewichtsprozent Beryllium. Sie zeichnet sich neben einer guten Verformbarkeit im weichen Zustand[9)] vor allem durch die besten Festigkeits- und Federeigenschaften aller im Kontaktbereich angewendeten Kupferlegierungen im ausgehärteten Zustand aus [25]. Sowohl die mechanische Festigkeit als auch die Verarbeitbarkeit der für die Kontaktlamellen verwendeten Blechstreifen hängen nach den in der Praxis üblichen Wärmebehandlungen nicht von der Richtung ab (isotropes Verhalten) [56].

---

[8)] Europäische Werkstoff-Nr.: CW101C; UNS-Number: C17200; Brush Wellmann: Alloy 25

[9)] Nach Lösungsglühen oder nur kaltverformt

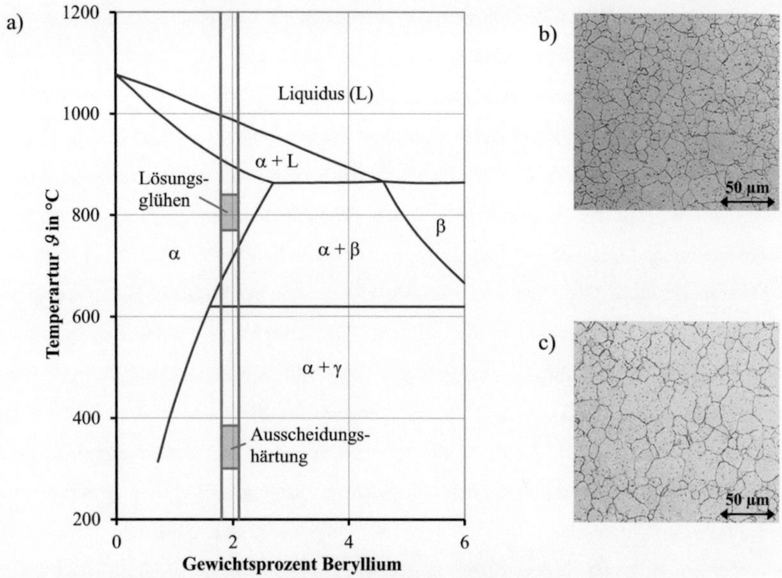


Bild 2-8: Phasendiagramm und Mikrostruktur von CuBe2
a) Ausschnitt aus dem vereinfachten Gleichgewichts-Phasendiagram [21], [34], [56]
b) Mikrostruktur nach Lösungsglühen und Abschrecken auf Raumtemperatur [60]
c) Mikrostruktur nach der Ausscheidungshärtung (3 h bei 315 °C) [60]

Kupfer und Beryllium bilden ein binäres System mit Mischungslücke im festen Zustand (Bild 2-8). Während sich bei der Solidustemperatur von $T_S = 865$ °C maximal 2,7 Gewichtsprozent Beryllium im Kupfer lösen lassen, sind dies bei Raumtemperatur weniger als 0,25 Gewichtsprozent [11], [56]. Unterhalb von 593 °C (1100 °F) existiert eine sehr stark berylliumhaltige zweite Phase (γ–Phase, Bild 2-8), die aus der begrenzten Löslichkeit resultiert. Bei Temperaturen oberhalb von 704 °C (1300 °F) löst sich das Beryllium in der kupferreichen α-Phase, die eine kubisch-flächenzentrierte (kfz) Kristallstruktur hat. Wird die Lösung anschließend auf Raumtemperatur abgeschreckt, so bleibt das Beryllium auch im festen Zustand gelöst. Es entsteht ein übersättigter Mischkristall (Bild 2-8 b). Die β-Phase entsteht peritektisch aus der Schmelze. Sie wird in Gussstücken als verzweigtes Netzwerk (Chinese script oder „Chinesenschrift“ [20]) beobachtet, das die kupferreiche α-Phase umgibt. Bei Raumtemperatur bleibt diese Phase nicht erhalten, sondern zerfällt in die α- und die γ-Phase. Sie kann aber bei unzureichender Homogenisierung vor der Wärmebehandlung im Werkstoff nachgewiesen werden [21].

Bei der anschließenden Wärmebehandlung und einem Temperaturbereich zwischen 300 °C und 385 °C setzt nach wenigen Sekunden bis Minuten eine homogene Keimbildung der

Ausscheidungen ein (Guinier-Preston-Zonen). Dies geschieht hauptsächlich an Fehlstellen in der Matrix, die Grenzflächen zwischen diesen Keimen und der Matrix sind kohärent (Abschnitt 2.3.2). Im weiteren Verlauf der Auslagerung entstehen aus den Guinier-Preston-Zonen die metastabilen Zwischenphasen $\gamma''$ und $\gamma'$, die teilkohärent mit der Matrix sind. Sie bilden sich diskontinuierlich an den Korngrenzen oder Fehlstellen (z. B. Versetzungen) in den Körnern, von wo aus sie in die angrenzenden Bereiche vordringen. Diese metastabilen Ausscheidungen sind Ursache für die sehr guten mechanischen Eigenschaften von CuBe2 im ausgehärteten Zustand. Ihre Zusammensetzung nähert sich bei weiterer Warmauslagerung dem stöchiometrischen Verhältnis der γ-Phase. Die endgültige γ-Phase ist schließlich inkohärent und hat eine kubisch-raumzentrierte (krz) Gitterstruktur (Hume-Rothery-Phase, CsCl-Typ). Sie enthält (10,3 bis 12,4) Gewichtsprozent Beryllium und bildet sich bevorzugt an den Korngrenzen sowie im weiteren Verlauf auch in den Körnern selbst aus (Bild 2-8 c). Sie ist in REM-Aufnahmen durch die deutlich dunklere Färbung im Vergleich mit der Matrix sowie durch ihre lamellare Struktur gut zu erkennen, während die metastabilen Ausscheidungen aufgrund ihrer geringen Größe, wenn überhaupt, nur im TEM nachweisbar sind. In REM-Aufnahmen können sich diese Ausscheidungen bei guter Probenpräparation als Schattierungen innerhalb der Körner abzeichnen. Die γ-Phase kann auch dann im Bereich der Korngrenzen entstehen, wenn die Abschreckrate nach dem Lösungsglühen nicht groß genug war. Bildet sich die γ-Phase aus den metastabilen $\gamma'$-Ausscheidungen, so ist dies mit einer Abnahme der mechanischen Festigkeit verbunden (überalterter Zustand). Eine verlängerte Auslagerungszeit über das stöchiometrische Verhältnis hinaus hat zur Folge, dass bei konstantem Volumen größere Ausscheidungen durch Auflösen kleinerer Ausscheidungen wachsen (Oswald-Reifung). Dadurch nimmt die mechanische Festigkeit abhängig von der Auslagerungstemperatur nach einer bestimmten Auslagerungszeit weiter ab [21], [35], [56].

Die CuBe2-Legierung C17200 enthält neben (1,8 bis 2,1) Gewichtsprozent Beryllium geringe Anteile von Kobalt und Nickel, die zwischen (0,2 und 0,6) Gewichtsprozent ausmachen. Kobalt und Nickel sind üblicherweise im flüssigen Metall vollständig gelöst. Aufgrund ihrer starken Affinität zu Beryllium entstehen entsprechende Verbindungen, die während der Wärmebehandlung als Partikel ausgeschieden werden (Beryllide). Sie sind überwiegend klein und kugelförmig, befinden sich gleichmäßig über die Kupfermatrix verteilt und können in ihrer längsten Ausdehnung bis zu 10 µm betragen. Während einer thermomechanischen Behandlung können diese ein wenig aufbrechen, werden aber während des normalen Lösungsglühens nicht im Mischkristall gelöst. Der Kobalt-Anteil sorgt für ein limitiertes

Kornwachstum während des Lösungsglühens, eine geringe Zeitempfindlichkeit bei der Ausscheidungshärtung und eine geringfügig verbesserte mechanische Festigkeit [56].

Nach dem Lösungsglühen wird eine Zugfestigkeit von $R_{\mathrm{m}}$ = (414 ... 538) N/mm$^2$ erreicht, die durch anschließende Kaltverformung (Walzen) bis auf $R_{\mathrm{m}}$ = 827 N/mm$^2$ erhöht werden kann [56]. Die CuBe2-Kontaktlamellen werden aus solchen gewalzten Blechstreifen (Herstellerbezeichnung: 1/2 H, Reduzierung der Blechdicke um 21 % [56]) durch Kaltumformung (Stanzen und Biegen) hergestellt. Im Anschluss erfolgt das Warmauslagern, wodurch die Festigkeit weiter bis auf $R_{\mathrm{m}}$ = 1517 N/mm$^2$ erhöht werden kann [56].

Die in der Literatur angegebenen Werkstoffeigenschaften von CuBe2 weisen große Wertebereiche auf, die auf unterschiedliche Wärmebehandlungen zurückzuführen sind (DIN EN 1654:1997, [8], [11], [25], [54], [55], [56]). Damit ergibt sich für die Berechnungen der Federcharakteristik und des Kraftabbaus der zu untersuchenden CuBe2-Kontaktlamellen die Notwendigkeit, erforderliche Kennwerte durch entsprechende Materialprüfungen (Zugversuche) selbst zu ermitteln (vgl. [57]). Die Materialproben müssen der gleichen Wärmebehandlung wie die Kontaktlamellen in der Serienfertigung unterzogen werden (Abschnitt 3.1).

## 2.4 Kraftabbau

### 2.4.1 Kriechvorgänge in metallischen Werkstoffen

Unter dem Begriff Kriechen wird per Definition die zeitabhängige, plastische Verformung eines Werkstoffs unter mechanischer Beanspruchung verstanden. Dabei handelt es sich um viskoplastische Vorgänge. Wird ein metallischer Festkörper mechanisch beansprucht, so ist bei konstanter Spannung eine Zunahme der Dehnung mit der Zeit feststellbar. Es handelt sich dabei um thermisch und durch mechanische Spannungen aktivierte Vorgänge. Das Bauteil reagiert auf die Beanspruchung zunächst mit einer sofortigen, zeitunabhängigen Dehnung $\varepsilon_0$, die sich in der Regel aus einem elastischen und einem plastischen Anteil zusammensetzt. Zu Beginn der Kriechverformung bilden sich zusätzliche Versetzungen im Werkstoff, die eine Verfestigung nach sich ziehen und damit zu einer geringeren Kriechgeschwindigkeit führen. Nach einer gewissen Zeit stellt sich allerdings ein Gleichgewicht zwischen der Erzeugung zusätzlicher Versetzungen und der erholungsbedingten Abnahme der Versetzungsdichte ein, was sich schließlich in einer konstanten Verformungsrate über einen großen Zeitraum äußert. Im Bereich des Übergangs- oder primären Kriechens wird die Dehnung zunächst sehr schnell größer und geht dann in einen stationären Bereich über, der auch als sekundäres Kriechen bezeichnet wird. Die Entwicklung der Dehnung wird durch die Dehn- oder Kriechgeschwindigkeit $\dot{\varepsilon}$ beschrieben; sie spielt bei Zeitstandversuchen (Abschnitt 3.1) eine große Rolle. Am Ende der Lebensdauer eines Bauteils können massive innere Schädigungen auftreten, die zu einer deutlichen Zunahme der Kriechgeschwindigkeit im tertiären Kriechbereich bis hin zum Bruch führen.

Mit Hilfe empirischer Beziehungen, wie beispielsweise der Garofalo-Gleichung (Gl. (2-36)), kann der primäre und sekundäre Bereich des Kriechens beschrieben werden. Danach setzt sich die Gesamtdehnung in diesen Bereichen neben der Anfangsdehnung $\varepsilon_0$ und der linearen Dehnung im Sekundärbereich aus einer zeitabhängigen Übergangsdehnung $\varepsilon_t$ zusammen, wobei $1/r$ ein Maß für die Übergangszeit zwischen dem primären und sekundären Kriechen ist und den Charakter einer Zeitkonstanten hat [12], [14].

$$\varepsilon = \varepsilon_0 + \varepsilon_t \left(1 - e^{-rt}\right) + \dot{\varepsilon}_{II}\, t \qquad (2\text{-}36)$$

Für das sekundäre Kriechen kann ein phänomenologisches Kriechgesetz angegeben werden, bei dem die Kriechrate $\dot{\varepsilon}_{II}$ exponentiell von der Temperatur $T$ und potenziell von der mechanischen Spannung $\sigma$ abhängt (Gl. (2-37)). Die werkstoffabhängige Konstante $C$ wird in der Einheit $s^{-1}\cdot(N/mm^2)^{-n}$ angegeben. Der Exponent $n$ bezeichnet den Kriech- oder

Spannungsexponenten und $Q_C$ die den Kriechprozess charakterisierende Aktivierungsenergie. Bekannt ist dieser Zusammenhang auch als Potenzgesetz-Kriechen (power-law-creep) oder Norton-Kriechen [14].

$$\dot{\varepsilon}_{II} = C\sigma^n \mathrm{e}^{-\frac{Q_C}{RT}} \qquad (2\text{-}37)$$

$$Q_C = \mathrm{R}\frac{T_1 T_2}{T_2 - T_1}(\ln\dot{\varepsilon}_2 - \ln\dot{\varepsilon}_1) \qquad \text{für } T_2 > T_1;\ \sigma = \text{const.} \qquad (2\text{-}38)$$

$$\log\dot{\varepsilon}_{II} = n\log\sigma + \underbrace{\log C + \log(\mathrm{e}^{-\frac{Q_C}{RT}})}_{\text{const.}} \qquad \text{für } T = \text{const.} \qquad (2\text{-}39)$$

Bei kristallinen Werkstoffen entspricht die Aktivierungsenergie $Q_C$ ungefähr der Aktivierungsenergie für die Selbstdiffusion, was den Schluss zulässt, dass die Diffusion für die Kriechverformung von großer Bedeutung ist. Die für das stationäre Kriechen benötigte Aktivierungsenergie kann auf der Grundlage zweier Kriechkurven aus Zeitstandversuchen berechnet werden, die bei konstanter Spannung und unterschiedlichen Temperaturen bestimmt werden (Temperaturwechselversuch) (Gl. (2-38)). Der Spannungsexponent entspricht dem Anstieg der Geraden einer logarithmierten Kriechkurve bei konstanter Temperatur und veränderlicher Spannung (Lastwechselversuch) (Gl. (2-39)), [16].

Die Ausführungen zum Kriechen in diesem Abschnitt beziehen sich allgemein auf viskoplastische Verformungen bei konstanter mechanischer Spannung. Ab einer homologen Temperatur von 0,4 $T_m$ kann die viskoplastische Verformung stark zunehmen, weil verstärkt diffusionsgesteuerte Verformungsmechanismen an Bedeutung gewinnen. Die Mechanismen des Kriechens sind für die Kupfer-Beryllium-Legierung der Kontaktlamellen im für diese Arbeit relevanten Temperaturbereich von (90…115) °C noch nicht aktiv[10)]. Daher wird in dieser Arbeit auf die bekannten Kriechmechanismen nicht näher eingegangen [12], [13], [14], [15], [24].

### 2.4.2 Spannungsrelaxation in metallischen Werkstoffen

Unter dem Begriff Spannungsrelaxation werden sowohl der Abbau von Eigenspannungen im Material als auch die Abnahme einer von außen eingeprägten Spannung bei konstanter Gesamtdehnung zusammengefasst. Der interessantere Fall im Hinblick auf die

---

10) Liquidustemperatur CuBe2: $T_L$ = 1253 K, also 0,4 $T_L$ bei einer Temperatur von 228 °C (s. a. Fußnote 6, S. 25)

Steckverbindungen mit Kontaktlamellen ist die Abnahme der Spannung im Werkstoff bei von außen festgelegter konstanter Verformung, die zu einer Abnahme der Kontaktkraft führt. Der innere Zustand des Werkstoffs verändert sich, da dieser ein thermodynamisches und mechanisches Gleichgewicht anstrebt. Dabei wird die in Form einer überwiegend elastischen Dehnung in das Material eingebrachte Spannung bei hohen Temperaturen durch Kriechprozesse abgebaut, die eine gerichtete Verformung bewirken und damit eine Abnahme der mechanischen Spannung und damit der Kontaktkraft zur Folge haben. Auch durch das gegenseitige Auslöschen von Versetzungen als Folge von Versetzungsbewegungen sowie durch Bewegung von Körnern und die damit verbundene Erholung können Spannungen im Bauteil abgebaut werden. Welcher Vorgang bei einer technischen Anwendung dominiert, hängt vor allem von der Temperatur und der Spannung aber auch von der Homogenität der vorliegenden Kristallstruktur ab [16], [19], [32], [36].

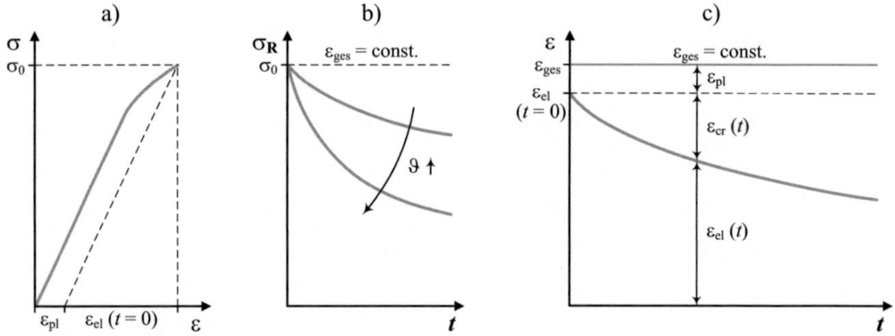


Bild 2-9: Verlauf der Kennwerte bei der Spannungsrelaxation
a) Zugbeanspruchung bis ($\sigma_0$, $\varepsilon_{ges}$); b) Zeitliche Abnahme der Restspannung abhängig von der Temperatur; c) Zeitabhängige Aufteilung der Dehnanteile

In Spannungsrelaxationsversuchen werden Festkörperproben auf ein bestimmtes Maß verformt, wodurch in diesem mechanische Spannungen entstehen. Die Verformung setzt sich dabei zusammen aus einem elastischen Anteil $\varepsilon_{el}$ und gegebenenfalls einem plastischen Anteil $\varepsilon_{pl}$ (Gl. (2-40)), (Bild 2-9 a). Gemessen wird nun bei konstanter Gesamtdehnung $\varepsilon_{ges}$ die zeitliche Abnahme der Spannung $\sigma_R$, die sich proportional zur elastischen Dehnung $\varepsilon_{el}$ verhält (Bild 2-9 b, c). Der Spannungszustand im Werkstoff kann sich nur ändern, wenn während des Relaxationsprozesses die elastische Dehnung sukzessive in eine plastische Dehnung $\varepsilon_{cr}$ (Kriechdehnung) umgewandelt wird. Der mechanisch beanspruchte Körper erfährt also eine zeitabhängige plastische Verformung im Innern, die sich über die Spannungsabnahme und eine damit verbundene Kraftabnahme nach außen bemerkbar macht

(Gl. (2-41)), (Bild 2-9 c). Daraus ergibt sich die Schlussfolgerung, dass relaxierte Festkörper nach Wegfall der mechanischen Belastung nicht wieder ihre ursprüngliche Form annehmen.

$$\varepsilon_{\text{ges}} = \varepsilon_{\text{el}}(t=0) + \varepsilon_{\text{pl}} = \text{const.} \qquad (t=0) \qquad (2\text{-}40)$$

$$\varepsilon_{\text{ges}} = \varepsilon_{\text{el}}(t) + \varepsilon_{\text{pl}} + \varepsilon_{\text{cr}}(t) = \text{const.} \qquad (t>0) \qquad (2\text{-}41)$$

Wie bereits erwähnt und in Bild 2-9 skizziert, verhält sich die zeitabhängige Restspannung $\sigma_R(t)$ proportional zur elastischen Dehnung, lässt sich aber auch als Differenz zwischen der Anfangsspannung $\sigma_0$ und einer der Kriechverformung proportionalen Spannung darstellen:

$$\sigma(t) = E\,\varepsilon_{\text{el}}(t) = \sigma_0 - E\,\varepsilon_{\text{cr}}(t) \qquad (2\text{-}42)$$

Die Spannungsrelaxation abhängig von der Temperatur (Bild 2-9 b) zeigt, dass bei höherer Temperatur die nach einer bestimmten Zeit noch vorhandene Restspannung immer kleiner wird, da höhere thermische Energien für Kriechvorgänge und Versetzungsbewegungen zur Verfügung stehen [14].

Die Spannungsrelaxation abhängig von der Zeit und der Temperatur kann für kleine und mittlere Spannungen näherungsweise mit dem Zusammenhang des Norton-Kriechens nach Gl. (2-37) beschrieben werden [16]. Allerdings können durch Gefügeinstabilitäten oder eine nicht konstante Mikrostruktur abweichende Ergebnisse entstehen. Durch Bestimmen der Parameter Aktivierungsenergie $Q_C$, Spannungsexponent $n$ und der Konstanten $C$ durch Zeitstandversuche bzw. dem iterativen Vergleich von Rechnung und Messung, kann für viele Werkstoffe eine recht zuverlässige Prognose hinsichtlich der Spannungsrelaxation in der praktischen Anwendung für den sekundären Bereich getroffen werden. Die erforderlichen Zeitstandparameter müssen bei Spannungs-/Dehnungszuständen ermittelt werden, die dem praktischen Anwendungsfall des Werkstoffs entsprechen. Bei den CuBe2-Kontaktlamellen wurden die anwendungsnahen Spannungszustände mit dem FEM-Programm ANSYS berechnet und bei den Zeitstandversuchen berücksichtigt [14], [16], [46].

Der zeit- und temperaturabhängige Kraftabbau in elektrischen Verbindungen kann auch mit verschiedenen Extrapolationsmethoden berechnet werden. Bei federnden Kontaktelementen wird in der Literatur häufig die Extrapolation nach Larson und Miller [30] angewendet; aber auch andere Verfahren, wie die Iso-Stress-Methode, können gute Ergebnisse liefern. Grundlage für das Extrapolationsverfahren nach Larson und Miller ist die Verknüpfung der

Monkman-Grant- [31] und der Arrhenius-Beziehung. Die Monkman-Grant-Beziehung ist spannungs- und temperaturunabhängig, da lediglich die sekundäre Kriechgeschwindigkeit die Zeitstandlebensdauer bestimmt. Durch Verknüpfen mit der Arrhenius-Beziehung kann die Temperaturabhängigkeit der sekundären Kriechgeschwindigkeit berücksichtigt werden. Dabei ergibt sich die Larson-Miller-Methode nach folgendem Zusammenhang:

$$\lg t_{\mathrm{m}} = C + P\frac{1}{T} \quad \rightarrow \quad P = T(C + \lg t_{\mathrm{m}}) \quad \text{mit } t_{\mathrm{m}} \text{ in h.} \tag{2-43}$$

Der Larson-Miller-Parameter $P$ ist bei konstanter mechanischer Spannung ebenfalls konstant; die Konstante $C$ ist spannungsunabhängig und kann für die meisten Werkstoffe mit $C = 20$ angenommen werden. Es wird vorausgesetzt, dass die Aktivierungsenergie $Q_{\mathrm{C}}$ temperaturunabhängig ist, und damit die Mechanismen des Kraftabbaus im Temperaturbereich der Extrapolation die gleichen sind. Wird beispielsweise der relaxierte Spannungsanteil oder die Abnahme der Verbindungskraft logarithmisch über dem Larson-Miller-Parameter aufgetragen (Gl. (2-44)), so äußern sich Wechsel im dominierenden Prozess des Kraftabbaus in begrenzten Wertebereichen mit jeweils unterschiedlichen Regressionsparametern $a$ und $b$ (unterschiedliche Ausgleichsgeraden in der graphischen Darstellung) [19], [33], [36].

$$\lg \Delta\sigma = aP - b \tag{2-44}$$

Anstelle des relaxierten Spannungsanteils $\Delta\sigma$ in Gl. (2-44) kann mit gleicher Aussagekraft die in der elektrischen Verbindung abgebaute Kraft $\Delta F_{\mathrm{V}}$ oder die auf den Ausgangswert bezogene Verbindungskraft $F_{\mathrm{V}}/F_{\mathrm{V0}}$ eingesetzt werden. Es muss bei Analysen beachtet werden, dass diese Methode das Werkstoffverhalten nur näherungsweise abbildet. Die strukturellen Eigenschaften des mit der Larson-Miller-Methode untersuchten Materials werden nicht beschrieben, so dass beispielsweise temperaturabhängige Eigenschaften einzelner Phasen bzw. Ausscheidungen zu einer deutlichen Überschätzung der Festigkeit eines Materials führen können. Die Extrapolation sollte daher nur der Abschätzung des Kraftabbaus dienen. Zudem muss darauf geachtet, dass die Zeitextrapolation nicht zu groß gewählt wird. Mit größerem Extrapolationsverhältnis müssen die erzielten Ergebnisse entsprechend kritischer betrachtet werden.

In elektrischen Verbindungen werden durch den Betriebsstrom verschiedene Seiteneffekte erzeugt. Von diesen Seiteneffekten ist die Joule'sche Erwärmung im Hinblick auf die Alterung der Verbindungen am bedeutungsvollsten. Der Kraftabbau kann aber auch durch

Wechselwirkungen zwischen Elektronen und Versetzungen beschleunigt werden (elektroplastischer Effekt). Bei experimentellen Untersuchungen in der Literatur zur Spannungsrelaxation und zum Kriechen wurden bei Stromdichten im Bereich von ($10^3$ … $10^5$) A/mm² signifikante Unterschiede im Vergleich mit stromlosen Proben bei gleicher Belastungstemperatur festgestellt [37], [38], [39], [40], [45]. Bei diesen Untersuchungen wurden, mit Ausnahme von [45], Impulsströme mit Einschaltzeiten im Bereich von 50 µs gewählt, um den Einfluss der Joule'schen Erwärmung zu minimieren. Der elektroplastische Effekt entsteht durch zusätzliche Kräfte auf Versetzungen, die durch den Elektronenfluss verursacht werden. Diese Kräfte überlagern sich mit den mechanischen Spannungen im Werkstoff und führen damit zu einer besseren Beweglichkeit der Versetzungen. Mit größeren Stromdichten nimmt der Einfluss des elektrischen Stroms auf den Kraftabbau zu [3], [39], [40].

In den Langzeitversuchen zum Kraftabbau dieser Arbeit wurde eine gleiche Anzahl von Proben im Wärmeschrank gelagert bzw. mit elektrischem Strom belastet (Abschnitt 3.6). Dadurch konnte der Einfluss des elektrischen Stroms auf das Langzeitverhalten der Kontaktlamellen abhängig vom Kraftabbau berücksichtigt werden. Da allerdings die mechanisch am höchsten belasteten Bereiche der untersuchten Kontaktlamellen nicht gleichzeitig die Bereiche mit den größten Stromdichten sind (Abschnitt 3), ist kein signifikanter Einfluss des elektroplastischen Effekts zu erwarten.

### 2.4.3 Reduzieren des Kraftabbaus durch Legierungen

Durch Mischkristall- und/oder Ausscheidungshärtung kann die Relaxations- und Kriechfestigkeit von metallischen Festkörpern deutlich erhöht werden. Dabei beeinflussen die gelösten Fremdatome dem Kraftabbau sowohl durch Wechselwirkungen mit den Versetzungen als auch durch ein Verändern von Werkstoffparametern, wie beispielsweise den wirksamen Diffusionskoeffizienten, der Solidustemperatur und den elastischen Moduln (Elastizitätsmodul, Kompressionsmodul) [16].

#### Mischkristallhärtung

Durch Wechselwirkungen mit den Fremdatomen in einem Mischkristall werden die Versetzungen in ihrer Bewegungsfreiheit eingeschränkt (Mischkristallreibung). An dieser Stelle soll von quasi unbeweglichen Substitutionsatomen ausgegangen werden, wie es bei den typischen Anwendungstemperaturen von $< 400$ K im Bereich der Hochstromtechnik zu erwarten ist.

Bei den meisten technischen Legierungen ist die Größe von Matrix- und Substitutionsatomen unterschiedlich. Dadurch entstehen Gitterverzerrungen, die mit einem entsprechenden Spannungsfeld (Druck- bzw. Zugspannungen) verbunden sind, dessen Charakter vom Größenverhältnis der Atome abhängt. Damit sich eine Versetzung durch das Kristallgitter bewegen kann, ist eine zusätzliche Kraft in Form einer von außen eingeprägten Spannung erforderlich. Dieser als parelastische Wechselwirkung bezeichnete Mechanismus ist ausschließlich bei Stufenversetzungen wirksam, da diese sowohl Zug- als auch Druckspannungen in Form von Gitterverzerrungen hervorrufen (Abschnitt 2.2.6). Schraubenversetzungen bilden dagegen nur elastische Gitterverzerrungen in Form von Scherspannungen aus.

Der Einbau von Fremdatomen in das ungestörte Kristallgitter hat einen Einfluss auf die Bindungskräfte in deren Umgebung. Ein Maß für die Gitterbindungskräfte ist die lokale Änderung des Schubmoduls, wobei durch Vergrößern bzw. Verkleinern der Bindungskräfte in der Umgebung eines Fremdatoms elastisch härtere bzw. weiche Zonen entstehen. In beiden Fällen wird das Bewegen von Versetzungen jeglicher Art erschwert, da ein höherer Energieaufwand entweder zum Verlassen von weichen Zonen oder zur Bewegung durch harte Zonen erforderlich ist. Da dieser als dielastische Wechselwirkung bezeichnete Mechanismus sowohl bei Stufen- als auch Schraubenversetzungen wirksam ist, hat dieser einen stärkeren Härtungseffekt als die Differenz der Atomradien. Zudem tritt dieser Effekt in der Regel auch bei gleichen Atomgrößen auf [13], [16].

**Ausscheidungshärtung**

Die wirkungsvollste Methode zur Steigerung der Kriech- und Relaxationsfestigkeit ist das Ausscheiden von Teilchen einer zweiten Phase, wodurch Versetzungsbewegungen jeglicher Art erheblich erschwert werden. Formal kann man dies durch einen zusätzlichen inneren Spannungsanteil $\sigma_T$ beschreiben (Reibungsspannung), der zu den von Versetzungen (Versetzungsdichte $\rho_V$) versursachten Spannungsfeldern addiert wird (Gl. (2-45)). Da die konventionellen Versetzungsbewegungen[11)] ab einer Temperatur von 0,2 $T_m$ thermisch vollständig aktiviert sind (Abschnitt 2.2.6.1), entspricht die Summe der inneren Spannungen $\sigma_i$ näherungsweise der von außen auf den Festkörper wirkenden Spannung $\sigma_a$:

$$\sigma_a \approx \sum \sigma_i = \alpha\, G\, \boldsymbol{b} \sqrt{\rho_V} + \sigma_T \, . \tag{2-45}$$

[11)] Gleiten von Stufenversetzungen, Quergleiten von Schraubenversetzungen und Schneiden von Versetzungen

In Gl. (2-45) bezeichnet $\alpha$ eine Konstante, die im Bereich zwischen 0,3 und 1 liegt. Gegenüber einem teilchenfreien Werkstoff bewirkt die Reibungsspannung eine geringere Verformungsgeschwindigkeit bei gleicher äußerer Spannung. Bei hohen mechanischen Spannungen kann der Spannungsexponent in Gl. (2-37) für ausscheidungsgehärtete Werkstoffe größer sein als der für einphasige Werkstoffe typische Wert von $n = 4$. Zudem kann durch Ausscheidungen an den Korngrenzen auch das Diffusionskriechen reduziert werden, da das zum Erhalt der Integrität benachbarter Körner notwendige Korngrenzengleiten deutlich erschwert wird.

Die Reibungsspannung $\sigma_T$, als Maß für die Kriech- und Relaxationsfestigkeit ausscheidungsgehärteter Legierungen, hängt von verschiedenen Parametern ab (Gl. (2-46)). Bekannte Wechselwirkungsmechanismen zwischen Teilchen und Versetzungen sind das Umgehen oder Schneiden von Teilchen bei niedrigen Temperaturen und einer bestimmten Mindestspannung (Abschnitt 2.2.6.2) sowie das diffusionskontrollierte Überklettern bei hohen Temperaturen ($T > 0{,}4\ T_m$) und vergleichsweise geringen Spannungen $\sigma_a$ [12], [13], [14], [16].

$$\sigma_T = f(\text{Wechselwirkungsmechanismus}, \sigma_a, f_T, d_T, T) \tag{2-46}$$

Der Härtungseffekt ist umso größer, je mehr Teilchen ($f_T$) mit Versetzungen in Wechselwirkung treten können. Durch Variation des Teilchendurchmessers $d_T$ können unterschiedlich starke Härtungseffekte erzielt werden (Bild 2-10). Bis zu einem Teilchendurchmesser $d_{Tm}$ (Bild 2-10) wird der Verfestigungsbeitrag durch die Ausscheidungshärtung erhöht.

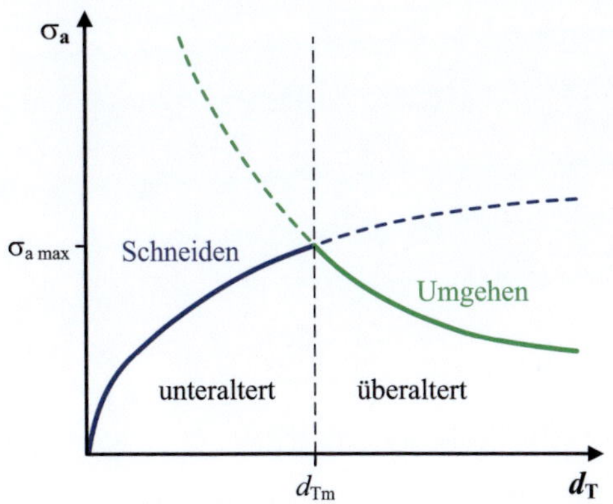


Bild 2-10: Verfestigung bei der Ausscheidungshärtung abhängig von der Teilchengröße

Bei $d_T \geq d_{Tm}$ ist die zum Umgehen der Teilchen notwendige Spannung $\sigma_{OR}$ geringer ist als jene zum Schneiden der Teilchen $\sigma_S$ (Gl. (2-47)). Eine optimale Teilchengröße im Hinblick auf einen maximalen Härtungsbeitrag ist also gerade im Schnittpunkt der beiden Spannungskurven nach Gl. (2-47) bei einem Teilchendurchmesser von $d_{Tm}$ erreicht (Bild 2-10).

Bei Werkstoffen, in denen die festigkeitsrelevanten und fein verteilten metastabilen Ausscheidungen mit kohärenten oder teilkohärenten Grenzflächen in Ausscheidungen geringerer Anzahl mit inkohärenten Grenzflächen umgewandelt sind (Gleichgewichtszustand, γ-Phase bei CuBe2), ist ein Überwinden dieser Teilchen durch Schneiden nicht möglich, da die Gleitebenen der Versetzungen blockiert sind. Deshalb ist für diesen Fall nur der Spannungsbedarf des Umgehens von Teilchen durch den Orowan-Mechanismus relevant. Das Festigkeitsmaximum $\sigma_{amax}$ nach Bild 2-10 entfällt. Allerdings befinden sich die Teilchengrößen der γ-Phase bei CuBe2 im Gleichgewicht (überalterter Zustand) in Dimensionen, in denen der Spannungsbedarf zum Umgehen der Teilchen sehr klein ist [18].

$$\text{Schneiden:} \quad \sigma_S \sim \sqrt{d_T} \qquad \text{Umgehen:} \quad \sigma_{OR} \sim \frac{1}{d_T} \qquad (2\text{-}47)$$

Das Ausscheidungshärten bei Legierungen wirkt sich auch auf die Aktivierungsenergien von Diffusions- und Kriechvorgängen aus, die in der Regel deutlich größer sind, als bei einem einphasigen Werkstoff. Allerdings ist die Diffusion auch bei mehrphasigen Legierungen die geschwindigkeitsbestimmende Komponente im Hinblick auf das Kriechen. Die in Abschnitt 2.4 geschilderten Elementarvorgänge sind auch hier gültig [14], [16].

## 2.5 Reibverschleiß

Der Widerstand elektrischer Verbindungen wird wesentlich von der Oberflächenbeschaffenheit (Rauheit, Topographie) und der Normalkraft bestimmt, mit der diese aufeinander gepresst werden. Bei aneinander reibenden Kontaktpartnern können sich deren Oberflächen jedoch während der Lebensdauer der elektrischen Verbindung stark verändern. Die Reibbewegungen können beispielsweise beim Stecken einer Verbindung oder durch verschiedenartige Kräfte während des Betriebs hervorgerufen werden. Durch verschiedene Verschleißformen wird von den Kontaktpartnern gut leitendes Oberflächenmaterial abgetragen oder es können sich schlecht leitende Fremd- und/oder Abriebschichten bilden. Der Verschleiß der Verbindungsoberflächen wird im Wesentlichen durch vier Verschleißmechanismen hervorgerufen, die je nach Beschichtungs- und Grundmaterial, Verbindungskraft und -geometrie unterschiedlich stark ausgeprägt sind (Abschnitt 2.5.2). In den meisten Fällen ist es nicht möglich, den system- und beanspruchungsbedingten Verschleiß theoretisch zu berechnen. Daher muss das Verschleißverhalten von Steckverbindern mit Kontaktlamellen durch geeignete experimentelle Untersuchungen ermittelt werden (Abschnitt 4), [1], [3], [6], [27], [49], [50].

### 2.5.1 Verschleißkenngrößen

Durch den Verschleiß der Verbindungsoberflächen verändert sich die geometrische Gestalt und damit auch die Masse der beteiligten Kontaktpartner. Mit Verschleißmessgrößen in Form von Verschleißbeträgen können diese Veränderungen quantifiziert werden. Am weitesten verbreitet ist das Verschleißvolumen $W_V$ (VDI 3822:1999, DIN 50320:1979, DIN 51834-1:2010), das geometrische Veränderungen im Kontaktbereich dreidimensional erfasst. Als indirekte Verschleißmessgrößen oder Verschleißraten können auch die Verschleißgeschwindigkeit (effektive Beanspruchungsdauer) mit der Bezugsgröße Zeit oder das Verschleiß-Weg-Verhältnis bzw. die Verschleißintensität mit Bezugsgröße Weg verwendet werden.

International hat sich der Verschleißkoeffizient $k$ als Verschleißreferenzgröße etabliert, der das Verschleißvolumen $W_V$ (in mm$^3$) pro Gleitweg $s$ (in m) als Verschleißrate auf die Normalkraft $F_N$ (in N) bezieht (Gl. (48)) [28]. Dieser Zusammenhang geht auf Archard zurück [29], [42], der zusätzlich den Verschleißkoeffizienten $k$ mit der mechanischen Härte bei Raumtemperatur multipliziert und so eine dimensionslose Größe $K$ erhält (Gl. (49)).

$$k = \frac{W_V}{F_N s} \tag{48}$$

$$K = k H \tag{49}$$

Da der Verschleiß durch Wechselwirkungen im Kontaktbereich eines tribologischen Systems entsteht, lässt der Verschleißkoeffizient $k$ keine Aussage über die wirksamen Verschleißmechanismen zu (Abschnitt 2.5.2). Weiterhin wird ein linearer Zusammenhang zwischen dem Verschleißvolumen $W_V$ und den Bezugsgrößen $F_N$ und $s$ (Gl. (48)) sowie eine konstante Normalkraft $F_N$ vorausgesetzt. Dies trifft bei den untersuchten Rundsteckverbindern (Abschnitt 4) nur eingeschränkt zu, da mit dem Einreiben Kontaktlamellenstege in das Oberflächenmaterial des Steckers die wirksame Normalkraft abnimmt.

Verschleißmessgrößen müssen immer mit Bezug auf das untersuchte tribologische System angegeben werden, gegebenenfalls auch separat für beide Kontaktkörper. Für die Vergleichbarkeit von Verschleißmessgrößen muss die Voraussetzung ähnlicher Last- und Temperaturbereiche sowie Verschleißintensitäten und Reibungszuständen gegeben sein.

### 2.5.2 Verschleißmechanismen in tribologischen Systemen

Die im Kontaktbereich zweier metallischer Werkstoffe ablaufenden elementaren physikalischen und chemischen Wechselwirkungen werden allgemein als Verschleißmechanismen bezeichnet. Diese Mechanismen führen schließlich zu Stoff- und Formänderungen der Kontaktpartner. Dabei kann einerseits die Kontaktmechanik, repräsentiert durch Kräfte, Spannungen oder Deformationen, den Verschleiß verursachen (Abrasion, Oberflächenzerrüttung) oder anderseits stoffliche Wechselwirkungen auf atomarer und molekularer Ebene bestimmend sein (Adhäsion, Tribochemische Reaktionen). In tribologischen Systemen überlagern sich meistens verschiedene elementare Verschleißmechanismen, so dass eine theoretische Abschätzung des Verschleißverhaltens im praktischen Betrieb nur in Ausnahmefällen möglich ist.

#### Abrasion

Abrasiver Verschleiß, auch Abrasion genannt, ist nach ASTM G40 12 definiert als Verschleiß, der durch harte Partikel oder harte Oberflächenerhebungen an einem weicheren Material hervorgerufen wird. Die harten Partikel können sich sowohl im Oberflächenmaterial selbst befinden (Gegenkörperfurchung, Zwei-Körper-Abrasion) als auch lose zwischen den

Kontaktflächen eingeschlossen sein (Teilchenfurchung, Drei-Körper-Abrasion) (Bild 2-11). Während bei der Zwei-Körper-Abrasion nur einer der Reibpartner signifikant verschlissen wird, werden bei der Drei-Körper-Abrasion beide Kontaktflächen beschädigt.

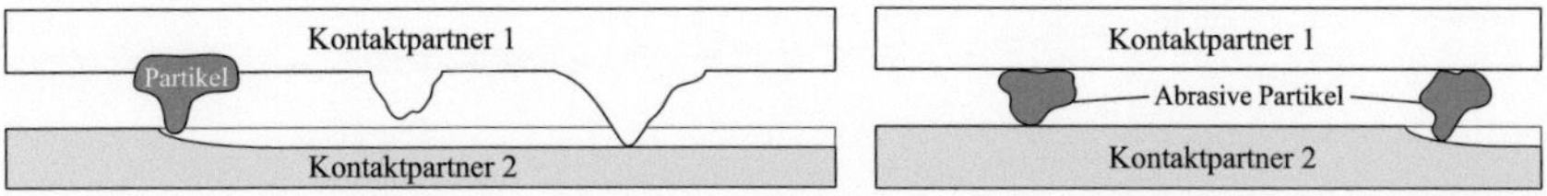


Bild 2-11: Zwei-Körper-Abrasion (links); Drei-Körper-Abrasion (rechts)

Einen wesentlichen Einfluss auf die Abrasion hat der Druck der Kontaktpartner aufeinander. Bei hohem Druck können die harten Partikel zerdrückt und die weicheren Oberflächen signifikant zerschnitten oder zerpflügt werden. Beim Zerpflügen wird eine Wulst aus Oberflächenmaterial vor einem harten Partikel hergeschoben und zudem Oberflächenmaterial zu beiden Seiten der entstehenden Furchen weggedrückt. Das Material verbleibt aber in der Kontaktoberfläche. Beim Zerschneiden wird das Material aus der entstehenden Furche in Form von Spänen aus der Oberfläche herausgeschnitten. Auch kann es zu einem Abhobeln kommen; dabei wird durch große harte „Klumpen" Material aus der Oberfläche entfernt. Bei geringem Druck werden die harten Partikel nicht wesentlich beschädigt. Auf der Oberfläche des weicheren Materials bilden sich durch das Reiben an den harten Partikeln in Bewegungsrichtung feine Kratzer. Das Material wird als feine Späne aus der Oberfläche entfernt. Ob bei der Zwei-Körper-Abrasion ein Zerpflügen oder ein Zerschneiden der Oberfläche auftritt, ist vom Angriffswinkel der eingebetteten harten Partikel abhängig und wird zudem durch das Verhältnis des Elastizitätsmoduls $E$ und der Materialhärte $H$ des weicheren Reibpartners bestimmt. Je größer $E/H$ wird, desto größer muss auch der Angriffswinkel gewählt werden, um ein Zerschneiden des Oberflächenmaterials zu erreichen. Bei den meisten Metallen liegt dieser Winkel zwischen 30° und 90° [3].

Auch die Scharfkantigkeit der abrasiven Partikel sowie das Verhältnis von Partikel- zu Oberflächenhärte hat einen großen Einfluss auf den Verschleiß. Scharfkantige Partikel können den Verschleiß im Vergleich zu eher runden um einen Faktor von 10 und mehr erhöhen. Bis zu einem Härteverhältnis von $H_P / H_O < 1{,}2$, wobei $H_P$ die Härte des abrasiven Partikels und $H_O$ die des Oberflächenmaterials ist, kann von leichtem abrasiven Verschleiß ausgegangen werden. In diesem Bereich hat ein größeres Verhältnis von $H_P / H_O$ eine deutlich höhere Abrasion zur Folge. Für $H_P / H_O > 1{,}2$ erhöht sich die Abrasion durch den Härteunterschied nur noch unwesentlich. In diesem Bereich spricht man von schwerem abrasiven Verschleiß [3], [27].

Auch bei gleichharten Reibpartnern kann Abrasion auftreten und zwar dann, wenn einer der Kontaktpartner eine deutlich kleinere Oberfläche als der andere hat. Dies trifft auf die meisten elektrischen Verbindungen mit Kontaktlamellen zu. In diesem Fall ist der Anpressdruck im Kontaktbereich vergleichsweise groß. Allerdings ist der Verschleiß bei gleich harten Kontaktpartnern nicht so stark ausgeprägt wie bei Härteunterschieden oder abgeriebenen Partikeln.

**Adhäsion**

Adhäsiver Verschleiß beginnt mit dem Bilden von Haftbrücken zwischen den Kontaktoberflächen; es kommt zu lokalen Mikrokaltverschweißungen. Aufgrund von Kaltverfestigung reißen diese Verbindungen anschließend nicht wieder im Bereich der Fusionsstellen sondern in Nebenbereichen auf. Dadurch bilden sich mit der Zeit „Körnchen“, deren Härte aufgrund der Kaltverfestigung größer ist als die des Oberflächenmaterials, aus dem sie herausgelöst wurden. Kaltverfestigung findet bei plastischen Umformungen unterhalb der Rekristallisationstemperatur des Materials statt. Durch die plastische Umformung kommt es zu Gitterfehlern im Metall. Diese erhöhen die Wahrscheinlichkeit, dass sich die Atome gegenseitig in ihrer Bewegung behindern und somit die Härte zunimmt. Mit größerer Kontaktkraft und weicherem Oberflächenmaterial werden die Mikrokaltverschweißungen größer, und die Adhäsion ist entsprechend stärker ausgeprägt [3], [25]. Durch Fremdschichten oder Schmierstoffe kann die Adhäsion deutlich reduziert werden, da in diesen Fällen kaum noch ein direkter metallischer Kontakt stattfindet [27].

**Tribochemische Reaktionen**

Die bei chemischen Reaktionen im Kontaktbereich entstehenden Fremdschichten schützen bei ruhenden Bauteilen oder Verbindungen das Oberflächenmaterial vor weiterer Fremdschichtbildung oder Korrosion. Durch Relativbewegungen zwischen den Kontaktpartnern werden diese abgerieben, so dass das Oberflächenmaterial wieder durch chemische Reaktionen angegriffen werden kann. Durch diesen Mechanismus wird in den Kontaktbereichen immer mehr Material abgetragen (Tribochemischer Verschleiß). Die Fremdschichten können in der Regel relativ leicht abgerieben werden, da Oxide zwar härter aber meistens auch deutlich spröder als die reinen Metalle sind. Andere Fremdschichten, wie z. B. Silbersulfid, können aber auch deutlich weicher als das Ursprungsmaterial sein. Hohe Temperaturen erhöhen die chemische Reaktionsfähigkeit des Oberflächenmaterials. Da chemische Verbindungen von Metallen an den Kontaktoberflächen (Beschichtungs- oder

Grundmaterial) mit Sauerstoff meist deutlich härter als die Ausgangsmetalle sind, führt dies meistens zu Abrasion und der Verschleiß wird deutlich erhöht [3], [27].

**Oberflächenzerrüttung**

Durch mechanische Spannungen können sich in den Kontaktoberflächen Risse bilden. Die mechanischen Spannungen können durch Temperaturänderungen oder auch durch das Reiben der Kontaktflächen aneinander hervorgerufen werden. Das Material wird spröde, so dass Stücke aus dem Oberflächenbereich herausbrechen können. Zudem kann Sauerstoff durch die Risse tief in das Oberflächenmaterial eindringen und dort mit diesem oder dem Grundmaterial reagieren. Dies führt zu einer beschleunigten chemischen Alterung. Zudem kann sich durch die rissige Oberfläche das elektrische Strömungsfeld im Material nicht mehr frei verteilen sondern wird auf Bahnen in unbeschädigten Bereichen des Materials gezwungen; dadurch wird der Verbindungswiderstand größer. Da sich mit größer werdender Normalkraft die Reibkraft tangential zur Oberfläche um den Faktor $\mu_r$ proportional erhöht, werden damit auch die mechanischen Spannungen zwischen der Oberfläche und den tieferliegenden Schichten größer. Dies führt wiederum zu einem stärkeren Verschleiß der Kontaktoberflächen durch Oberflächenzerrüttung.

Durch Messen der Schiebekraft bei Versuchen zum Reibverschleiß lassen sich Rückschlüsse auf den Verschleißverlauf ziehen. Der Reibwert im Kontaktbereich hängt von den Materialien der Kontaktflächen, den Fremdschichten und dem dominierenden Verschleißmechanismus ab. Deshalb können Änderungen im zeitlichen Verlauf der Schiebekraft beispielsweise auf einen Wechsel im dominierenden Verschleißmechanismus oder auf das Durchreiben einer Schicht im Oberflächenbereich hindeuten (s. a. Abschnitt 4), [3], [27].

### 2.5.3 Reibverschleiß bei elektrischen Verbindungen

Elektrische Verbindungen und insbesondere Steckverbindungen sind durch Umwelteinflüsse wie z. B. Erschütterungen, Temperaturschwankungen, Verdrehungen, oder durch wechselstrominduzierte Kräfte stets Relativbewegungen tangential zu ihren Verbindungsoberflächen ausgesetzt. Diese Bewegungen führen zum Reibverschleiß, häufig auch verallgemeinernd als Fretting bezeichnet. Beim Fretting im eigentlichen Sinn sind die Versatzamplituden so gering (< 100 µm), dass der durch Relativbewegungen erzeugte Abrieb zwischen den Kontaktflächen verbleibt. Beim Gleitverschleiß sind die Versatzamplituden dagegen so groß, dass ein Großteil der abgeriebenen Partikel aus dem Kontaktbereich entfernt werden kann.

Anhand von Schiebekraft-Weg-Kennlinien, die bei Untersuchungen zum Reibverschleiß aufgezeichnet werden können, lässt sich erkennen, ob die Kontaktbereiche rein plastisch verformt wurden (kleine Versatzamplituden, Bild 2-12 a) oder ob eine Gleitbewegung zwischen den Kontaktpartnern stattgefunden hat (Bild 2-12 b). Typischerweise wird, insbesondere bei Steckverbindern mit federnden Kontaktelementen, eine vom Reibwert abhängige Kraft zunächst in eine elastische Verformung umgesetzt, ehe es zum Gleiten zwischen den Kontaktpartnern kommt. Im Bereich des idealen Gleitens ist die Schiebekraft vom Weg unabhängig (vgl. Bild 2-12 b). In der Praxis führt der s. g. Stick-Slip-Effekt häufig dazu, dass sprunghafte Verschiebungen in den Kontaktbereichen auftreten (s. a. Bild 4-8). Die Schiebekraft wird bis zu einem bestimmten Schwellenwert elastisch abgefedert und erst bei Überschreiten einer reibwertabhängigen Schiebekraft können die Adhäsionskräfte zwischen den Kontaktpartnern überwunden werden. Typischerweise sind für diesen Fall im Gleitbereich von Schiebekraft-Weg-Kennlinien Unstetigkeiten zu beobachten, deren Ausprägung vom untersuchten Kontaktsystem abhängt.

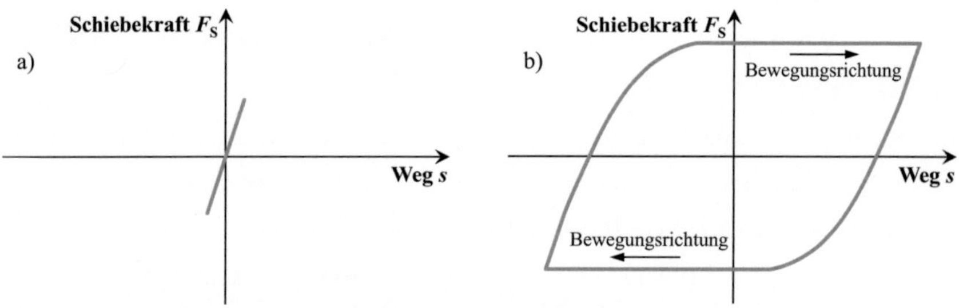


Bild 2-12: Idealisierte Schiebekraft-Weg-Kennlinien für die beiden Randbedingungen
a) Rein elastische Verformung; b) Elastische Verformung mit Übergang zum Gleiten

Die Auswirkungen von Relativbewegungen auf elektrische Kontakte wird in der Literatur häufig an einfachen Grundanordnungen untersucht, wie beispielsweise Kugel-Platte, Stab-Platte, Draht-Platte oder gekreuzte Zylinder [3], [6], [7], [49], [50]. Wie sich der Gleitverschleiß auf reale Verbindungen auswirken kann, wurde beispielsweise in [1] untersucht, allerdings ausschließlich bei sehr niedrigen Frequenzen.

#### 2.5.3.1 Fretting

Beim Fretting werden vorstehende Spitzen und Korrosionsschichten vorwiegend durch Adhäsion abgetragen. Bei sehr kleinen Versatzamplituden können die Adhäsionskräfte nicht überwunden werden, so dass die Mikrokontakte rein elastisch verformt werden. Dies lässt sich durch die nicht vorhandene Hysterese im Kraft-Weg-Diagramm belegen. Bis zu welcher

Relativbewegung diese rein elastische Verformung auftritt, hängt von der Kontaktkraft und auch von der Härte des Beschichtungsmetalls ab (Haftreibwert $\mu_H$). Zudem können bei federnden Kontaktelementen, wie beispielsweise Kontaktlamellen, auch größere Relativbewegungen in eine elastische Verformung des Kontaktelements umgesetzt werden, ohne dass es zu einem signifikanten Versatz zwischen den Kontaktflächen kommt (s. a. Abschnitt 4.5). Erfahrungen aus dem praktischen Einsatz von Kontaktlamellen in Durchführungen von Leistungstransformatoren bestätigen diese Aussage [64], [65].

Ab einer systemabhängigen Versatzamplitude beginnen die Mikrokontakte in ihren Außenbereichen aufzureißen, so dass es zu einem Mischverschleiß kommt. Bei weiterer Zunahme der Relativbewegung findet schließlich ein Übergang zum reinen Gleiten statt, bei dem dann der Gleitverschleiß im eigentlichen Sinne dominant ist. Durch die geringen Versatzamplituden beim Fretting verbleiben die abgerieben Partikel größtenteils zwischen den Kontaktflächen (Bild 2-13). Durch Kaltverfestigung sind die abgeriebenen Partikel härter als die Oberflächenbeschichtung der Verbindungen, so dass es durch Abrasion zu einem erhöhten Verschleiß kommt [1], [6].

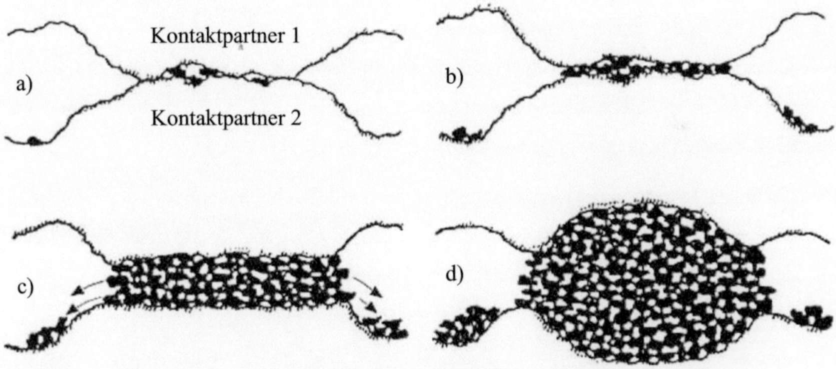


Bild 2-13: Abrieb im Kontaktbereich durch kaltverformte Abriebpartikel [3]
a) Ausgangszustand; b) Nach einigen Versatzbewegungen; c) ,d) Anhäufen von Abriebpartikeln und fortschreitender Verschleiß der Kontaktpartner

Wird die Schicht aus Abriebpartikeln in der Kontaktzone dicker (Bild 2-13), so nimmt der Verschleiß wieder ab, da nun ein Teil der Relativbewegung zwischen den Partikeln stattfindet. Der Verschleiß wird schließlich auf einen festen Wert reduziert. Treten Partikel im Randbereich der Kontaktzone aus, verteilt sich der Druck ungleichmäßig auf die Kontaktflächen. Er nimmt im Zentrum zu, wodurch sich ein ungleichmäßiger Verschleiß einstellt (Bild 2-13 d). Dieser Effekt verstärkt sich beim Einsatz von Schmierstoffen.

Bei silberbeschichteten Verbindungen, die schwefelhaltigen Dämpfen ausgesetzt sind, besteht der Abrieb größtenteils aus Silbersulfid, das im Vergleich mit Silber deutlich weicher ist [51]. Es wirkt wie ein schützender Schmierfilm zwischen den Kontaktpartnern. Der Verschleiß ist, verglichen mit Kontakten ohne Silbersulfidschicht, geringer [7]. Allerdings muss besonders bei dickeren Schichten mit einem erhöhten Verbindungswiderstand gerechnet werden, da Silbersulfid ein Halbleiter ist (s. a. Abschnitt 2.1.3).

Bei mit Silber beschichteten Verbindungen, kann es durch Oberflächenabrieb dazu kommen, dass Kupferpartikel an die Oberfläche gelangen. Da Kupferoxide deutlich härter als Silber sind, wird dann die Abrasion im Kontaktbereich erhöht [3], [7].

#### 2.5.3.2 Gleitverschleiß

Beim Gleitverschleiß werden die Oberflächen der Kontaktpartner durch die Relativbewegungen (> 100 µm) eingeebnet. Aufgrund der größeren Amplitude im Vergleich zum Fretting kommt es bei gleicher Frequenz zu einer erhöhten Relativgeschwindigkeit zwischen den Reibpartnern. Dies führt dazu, dass die Abriebpartikel aus dem Kontaktbereich herausbewegt werden und der Verschleiß hauptsächlich durch Adhäsion bestimmt wird. Da die Kontakte nicht durch Fremdschichten aus Abriebpartikeln vor weiterer Korrosion geschützt sind, bildet sich z. B. bei versilberten Kontakten unter schwefelhaltiger Atmosphäre immer wieder neues Silbersulfid, das dann erneut abgerieben wird, wodurch die Beschichtung mit der Zeit immer dünner wird (tribochemischer Verschleiß).

Durch den Einsatz geeigneter Kontaktfette kann der Reibverschleiß deutlich reduziert werden. Die im Bereich der elektrischen Steckverbindungen eingesetzten Kontaktfette schützen die blanken Metalloberflächen vor chemischen Reaktionen und verringern die Reibung zwischen den Kontakten wesentlich.

Im Prinzip können beim Gleitverschleiß von elektrischen Verbindungen alle in Abschnitt 2.5.2 erwähnten Verschleißmechanismen eine Rolle spielen. Die Unterscheidung zwischen beispielweise Fretting und dem reinen Gleitverschleiß hat lediglich zum Ziel, anwendungsspezifische Wertebereiche von Kontaktnormalkraft und Versatzamplitude zu schaffen, in denen, abhängig von den Materialien im Kontaktbereich, bestimmte Mechanismen bevorzugt auftreten. So wird beispielsweise in [7] eine weitere Unterform des Frettings eingeführt, die sich durch besonders hohe Kontaktkräfte ($10\ \mathrm{N} \leq F_K \leq 100\ \mathrm{N}$), wie sie vorwiegend im Bereich der Elektroenergietechnik auftreten, auszeichnet. Durch die besonders großen Kontaktkräfte sind rein elastische Verformungen der Mikrokontakte beim

Fretting noch bei entsprechend größeren Versatzamplituden zu beobachten. In [7] wird an gekreuzten Zylindern aus versilbertem Kupfer festgestellt, dass sich ein reines Gleiten beispielsweise bei Kontaktkräften von $F_K = 20$ N und Versatzamplituden von $A = 60$ µm einstellt. Allerdings wurde der Übergangsbereich zwischen dem partiellen und vollständigen Gleiten nicht systematisch untersucht. Schlussendlich wurde in [7] kein neuer Mechanismus für den Reibverschleiß entwickelt, sondern vielmehr angepasste Wertebereiche von Kontaktnormalkraft und Versatzamplitude festgelegt.

Der Verbindungswiderstand wird wesentlich von den Eigenschaften der beteiligten Oberflächen der Kontaktpartner bestimmt. Sind elektrische Verbindungen Versatzbewegungen ausgesetzt, so ändern sich die Eigenschaften der Oberflächen abhängig von der Lebensdauer. Durch verschiedene Reibverschleißmechanismen verlieren die Kontaktpartner gut leitendes Oberflächenmaterial, und es können sich schlecht leitende und mechanisch härtere Abriebschichten bilden. Dadurch wird der Verbindungswiderstand mit der Zeit größer. Dies lässt sich in drei Phasen unterteilen, die durch unterschiedlich starken Verschleiß gekennzeichnet sind.

In der Einlaufphase (Phase I) reiben zunächst die unbeschädigten Kontaktpartner aneinander. Diese ist nur von kurzer Dauer und ist durch einen vergleichsweise niedrigen Verbindungswiderstand und einen geringen Verschleiß gekennzeichnet. Die Zunahme des Verschleißes ist in dieser Phase jedoch sehr groß. Haben sich die Kontaktpartner eingeschliffen, nimmt der Verschleiß über einen langen Zeitraum nur noch gering zu (Phase II). Der Verbindungswiderstand wird dabei kontinuierlich größer. In der dritten Phase nimmt der Reibverschleiß stark zu und damit auch der Verbindungswiderstand. Die Beschichtung der Kontaktpartner ist in Phase III praktisch durchgerieben, so dass die mechanisch härteren Basismaterialen der Verbindungen den Verschleiß bestimmen. Da die Basismaterialien auch wesentlich anfälliger gegenüber chemischen Reaktionen als die Beschichtungsmaterialen sind, ist in der Phase III bis zum Ausfall der elektrischen Verbindung der Tribochemische Verschleiß, neben der Abrasion, dominant [3], [27].

# 3 Untersuchungen zum Kraftabbau

Die Kontaktlamelle LAIA wird in verschiedenen Steckverbindungen der Elektroenergietechnik eingesetzt. Das Langzeitverhalten elektrischer Verbindungen mit Kontaktlamellen abhängig vom Kraftabbau ist in dieser Arbeit mit Hilfe von Modellanordnungen bis zu einer Temperatur von 115 °C untersucht worden. Die notwendigen Materialeigenschaften von CuBe2 wurden experimentell bestimmt und die Berechnungsmodelle durch Kurz- und Langzeitversuche verifiziert.

Kontaktlamellen des Typs LAIA werden aus einem kaltverfestigten Kupfer-Beryllium-Band (lösungsgeglüht und gewalzt) ausgestanzt, gebogen und anschließend für eine Zeit von einigen Stunden bei einer Temperatur oberhalb von 300 °C ausgelagert. Durch die Wärmebehandlung wird die Ausscheidungshärtung abgeschlossen und zudem mechanische Spannungen abgebaut, die sich durch die Kaltverformung gebildet haben (Abschnitt 2.3.5). Abschließend werden die Kontaktlamellen mit einer Schichtdicke von 6 µm versilbert. Für spezielle Anwendungen sind auch andere Beschichtungsmaterialien und/oder Schichtdicken realisierbar. Die Kontaktlamellen haben eine Breite von 17,5 mm und ein Rastermaß von 2,5 mm (Bild 2-2); durch Multiplizieren mit der Steganzahl ergibt sich die jeweilige Gesamtlänge. Im entspannten Zustand hat die Kontaktlamelle LAIA eine Höhe von $h_S$ = 1,25 mm, der mittlere Spalt im gesteckten Zustand ist durch den Hersteller vorgegeben.

Beim Einfedern der Kontaktlamelle werden die Übergangsbereiche zwischen den Stegen und dem Kontaktlamellenband auf Torsion beansprucht. Die dadurch entstehenden mechanischen Spannungen erzeugen eine Kraft, die entgegen der Einfederrichtung wirkt. Die Kontaktlamelle LAIA funktioniert nach dem Torsionsfederprinzip, wobei die Einspannung in Form des Kontaktlamellenbandes nicht als starr angesehen werden kann. Durch die mehrachsige mechanische Beanspruchung der Feder ist eine geschlossene analytische Berechnung der Federkraft praktisch nicht möglich [11].

Der Verbindungswiderstand einer elektrischen Verbindung mit Kontaktlamellen wird entscheidend durch den Einfederweg und damit der wirksamen Verbindungskraft der Kontaktlamellen bestimmt. Bei Vergrößern oder Reduzieren des Einfederwegs um 20 % ausgehend vom mittleren Einfederweg $s_{FN}$ muss mit einer Widerstandsänderung von 17 % gegenüber dem Verbindungswiderstand $R_{VSN}$ bei mittlerem Einfederweg gerechnet werden (Bild 3-1).

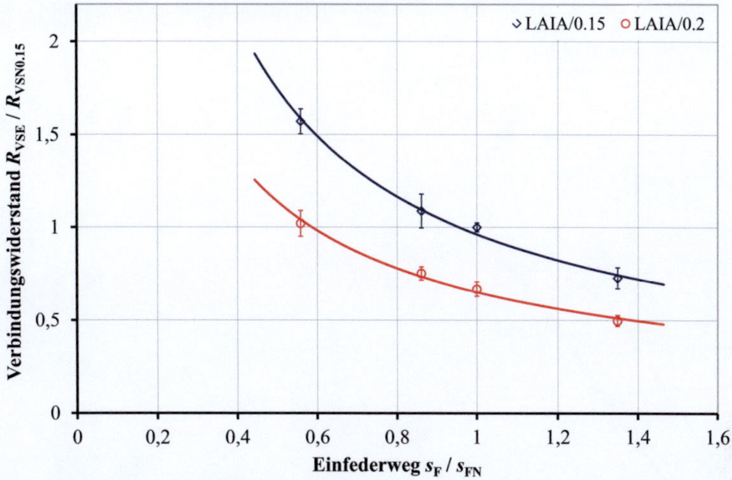


Bild 3-1: Gemessener Verbindungswiderstand $R_{VSE}$ abhängig vom Einfederweg $s_F$ (Bezugsgröße: $R_{VSN0.15}$ … Verbindungswiderstand der Kontaktlamelle LAIA/0.15 bei mittlerem Einfederweg $s_{FN}$)

Durch die größere Blechstärke bei der Kontaktlamelle LAIA/0.2 und die dadurch größeren Verbindungskräfte sind die Verbindungswiderstände entsprechend kleiner als bei der LAIA/0.15.

## 3.1 Experimentelles Bestimmen mechanischer Eigenschaften von CuBe2

Wie bereits in Abschnitt 2.3.5 beschrieben, sind die mechanischen Eigenschaften von CuBe2 stark vom mechanischen Vorverfestigungsgrad und der gewählten Wärmebehandlung abhängig. Aus diesem Grund wurden für die in dieser Arbeit untersuchten Bandstärken von 0,15 mm und 0,2 mm der Kontaktlamelle LAIA Referenzproben angefertigt (Bild 3-2).

Diese Proben sind in Bezug auf das gewählte Bandmaterial und die gewählte Wärmebehandlung mit den Kontaktlamellen vergleichbar. Untersucht wurden diese Proben bei der Siempelkamp Prüf- und Gutachtergesellschaft mbH (SPG) in Dresden. Für die Untersuchungen wurden Temperaturen im Bereich von 90 °C bis 180 °C gewählt, um sowohl die maximal zulässige Anwendungstemperatur der Kontaktlamelle LAIA abzudecken als auch die notwendigen Informationen für zukünftige Entwicklungen zu haben.

Zum Nachweis der Isotropie wurden Blechproben längs und quer zur Walzrichtung des Ausgangsbandmaterials untersucht. Eine Richtungsabhängigkeit der mechanischen

Eigenschaften konnte im einachsigen Zugversuch im Rahmen der Messgenauigkeit nicht festgestellt werden (vgl. [58]).

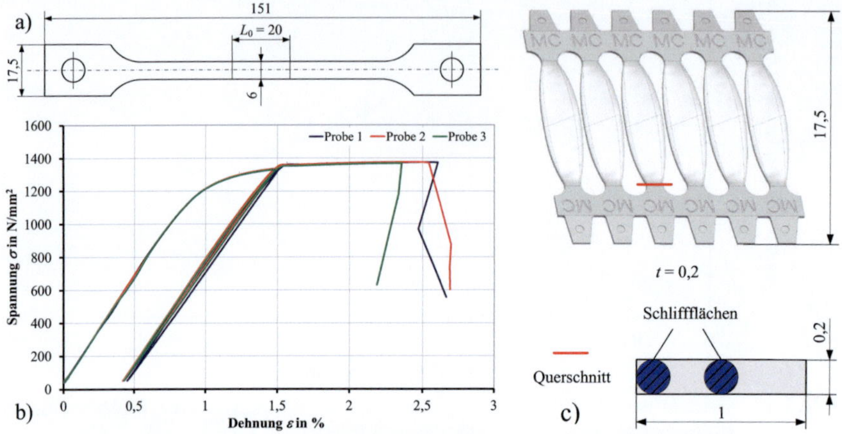


Bild 3-2: Flachzugprobe für das Bestimmen der mechanischen Eigenschaften (a); Exemplarisches Spannungs-Dehnungs-Diagramm bei 23 °C und quer zur Walzrichtung (b); Querschliffpositionen für die Gefügeuntersuchungen (c)

In Tabelle 3-1 sind die Ergebnisse der Zugversuche für eine Blechdicke von 0,2 mm und einer Orientierung quer zur Walzrichtung zusammengefasst, die auch bei den FEM-Berechnungen verwendet wurden.

Tabelle 3-1: Im einachsigen Zugversuch bestimmte Materialparameter für CuBe2 (Blechdicke 0,2 mm; Probenorientierung quer zur Walzrichtung)

| $\vartheta$ in °C | $E$ in kN/mm² | $E_T$ in N/mm² | $R_{p0,2}$ in N/mm² | $R_m$ in N/mm² |
|---|---|---|---|---|
| 23 | 130 | 1820 | 1299 | 1373 |
| 90 | 128 | 1850 | 1279 | 1356 |
| 115 | 128 | 2277 | 1258 | 1344 |
| 180 | 118 | 7721 | 1225 | 1305 |

Zum Berechnen der Spannungsrelaxation in den Kontaktlamellen und damit des Kraftabbaus in den ausgelagerten Modellanordnungen wurden mit den Blechproben nach Bild 3-2 auch Zeitstandversuche über einen Zeitraum von 1000 h durchgeführt. Die mechanischen Spannungen für diese Versuche wurden auf Grundlage der FEM-Berechnungen mit den zuvor bestimmten Materialparametern (Tabelle 3-1) festgelegt. Sie lagen im Bereich von 50 % bis 90 % der Dehngrenze $R_{p0,2}$ bei der jeweiligen Untersuchungstemperatur. Aus den Ergebnissen dieser Versuche wurden zunächst die Zeitstandparameter $Q_C$ und $n$ bestimmt (Abschnitt 2.4).

Der Spannungsexponent $n$ ergibt sich durch grafisches Auftragen der logarithmierten Prüfspannung über der logarithmierten sekundären Kriechgeschwindigkeit (Gl. (2-39)) für jeweils eine Versuchstemperatur (Spannungswechselversuch). Die sekundären Kriechgeschwindigkeiten für die Temperaturen 90 °C und 115 °C wurden durch lineare Regression der gemessenen zeitabhängigen Kriechraten im Zeitbereich zwischen 480 h und 1000 h bestimmt. Es ergaben sich die Spannungsexponenten $n_{90°C} = 3{,}45$ und $n_{115°C} = 3{,}37$. Für die FEM-Berechnungen und weitere Auswertungen wurde ein mittlerer Spannungsexponent von $n = 3{,}41$ verwendet.

Die Aktivierungsenergie $Q_C$ kann nach Gl. (2-38) oder durch grafisches Auftragen der logarithmierten Kriechgeschwindigkeit über der inversen absoluten Temperatur für jeweils eine mechanische Spannung bestimmt werden (Temperaturwechselversuch). Aufgrund von Fertigungstoleranzen bei den Prüflingen, insbesondere im Bereich des Belastungsquerschnitts, ist es nicht immer ohne Aufwand möglich, bei Messungen mit verschiedenen Proben die gleiche Spannungsbelastung einzustellen. Daher wurden bei den Zeitstandversuchen die Prüflingsquerschnitte im für die Messungen relevanten Bereich vermessen und die durch Gewichte eingestellten Belastungsspannungen berechnet. Dies erfordert ein gegenüber der gängigen Praxis verändertes Auswerteverfahren. Ausgehend von Gl. (2-37) ergibt sich für zwei unterschiedliche Wertetripel aus Kriechgeschwindigkeit, Prüfspannung und Temperatur sowie einem temperaturunabhängigen Parameter $C$ zunächst:

$$\frac{\dot{\varepsilon}_{\mathrm{II1}}}{\sigma_1^{\,n}\,\mathrm{e}^{-\frac{Q_C}{RT_1}}} = \frac{\dot{\varepsilon}_{\mathrm{II2}}}{\sigma_2^{\,n}\,e^{-\frac{Q_C}{RT_1}}} \tag{3-1}$$

und durch geeignetes Umformen der Zusammenhang für die Aktivierungsenergie:

$$Q_\mathrm{C} = \mathrm{R}\frac{T_1 T_2}{T_1 - T_2}\ln\frac{\sigma_2^{\,n}\,\dot{\varepsilon}_{\mathrm{II1}}}{\dot{\varepsilon}_{\mathrm{II2}}\,\sigma_1^{\,n}}\ . \tag{3-2}$$

Durch Einsetzen der gemessenen Daten für alle betrachteten Kombinationen aus mechanischer Spannung und Temperatur sowie dem bereits bestimmten mittleren Spannungsexponenten von $n = 3{,}41$ ergeben sich eine ganze Reihe berechneter Aktivierungsenergien, die idealerweise für alle Datenkombinationen gleich sind. Bestimmt wurde ein Mittelwert von $Q_\mathrm{C} = 43{,}135$ kJ/mol mit einer maximalen Abweichung von 1,1 %.

Durch den Vergleich der ersten Berechnungsergebnisse (Abschnitt 3.7) mit den Messergebnissen aus den Langzeitversuchen konnte schließlich der Parameter $C$ ermittelt werden. Dieser Vergleich ist notwendig, da die im einachsigen Belastungsversuch eingestellten mechanischen Spannungen nicht unmittelbar mit der realen mehrachsigen Belastung gleichzusetzen sind. Zudem beeinflussen in realen Verbindungssystemen beispielsweise auch Setz- und Reibvorgänge an den Kontaktflächen die nach Außen messbaren Verbindungskräfte. Der an die Randbedingungen der Langzeitversuche gebundene Parameter $C$ ergibt sich zu $C = 4 \cdot 10^{-14}\ (\mathrm{N/mm^2})^{-3{,}41}\mathrm{s}^{-1}$.

## 3.2 Untersuchungen zur Mikrostruktur von CuBe2

Die Grundvoraussetzung, um die Lebensdauer von elektrischen Verbindungen abhängig vom Kraftabbau durch Berechnungen abschätzen zu können, ist die Kenntnis über mögliche Veränderungen in der Mikrostruktur der im Verbindungssystem eingesetzten Werkstoffe. Mit der Mikrostruktur sind die mechanischen Eigenschaften eines Werkstoffs eng verknüpft. Sind in dem zu berechnenden Zeitraum solche Veränderungen zu erwarten, so ist es mit Extrapolationsmethoden, wie sie auch bei FEM-Berechnungen implementiert sind, nicht mehr möglich, den Kraftabbau zuverlässig zu berechnen [16], [19]. Extrapolationsmethoden sind in diesem Fall nur noch abschnittsweise und nicht für den gesamten interessierenden Zeitraum anwendbar, da sie auf der Annahme von unveränderlichen mechanischen Eigenschaften basieren.

Beim für die Kontaktlamellen verwendeten CuBe2 sind Veränderungen in der Mikrostruktur im für diese Arbeit interessierenden Temperaturbereich bis zu 115 °C (Langzeitversuche) bzw. 180 °C (Materialparameter) nicht zu erwarten. Da die mechanischen Eigenschaften dieser Legierung durch Ausscheidungshärten und nicht durch Kaltverformung eingestellt werden, müssten sich die metastabilen Zwischenphasen zugunsten der γ-Gleichgewichtsphase umlösen (Abschnitt 2.3.5). Da dieser Prozess diffusionsgesteuert ist, ist eine gewisse Aktivierungsenergie notwendig, damit es überhaupt zum Umlösen und damit zu Veränderungen der mechanischen Eigenschaften kommen kann. Grundsätzlich können diese Vorgänge schon bei Temperaturen unterhalb des üblichen Wärmebehandlungsbereichs zwischen 300 °C und 385 °C stattfinden, allerdings dann vergleichsweise langsam (Ostwald-Reifung). Die Aktivierungsenergie und damit die Mindesttemperatur für diesen Vorgang sind für CuBe2 bisher noch nicht bekannt, liegen aber bei den meisten Metallen im Bereich von 0,4 $T_m$ bzw. 0,4 $T_L$ (CuBe2: 228 °C, Abschnitt 2.3.4).

Für die Berechnungen zum Kraftabbau ist es notwendig zu wissen, ob bis zur maximal denkbaren Einsatztemperatur von 180 °C eine Veränderung der Mikrostruktur zu erwarten ist.

Deshalb wurden nach Bild 3-2 Querschliffe im Torsionsbereich der Kontaktlamelle LAIA/0.2 erstellt und mittels Rasterelektronenmikroskop (REM) durch das Forschungsinstitut Edelmetalle & Metallchemie (fem) untersucht. Die abschließende Präparation der Proben erfolgte mit dem Ionenstrahlverfahren (Argon). Dabei wird die Oberfläche der Proben durch die Impulsübertragung der hochenergetischen Argon-Ionen auf das Substrat schrittweise abgetragen. Problematisch bei dieser Art der Probenpräparation ist allerdings, dass durch die Ionenstrahlen lokale Erwärmungen im Bereich einiger 100 °C im Oberflächenbereich der Proben auftreten, die auch die Ausscheidungsstruktur verändern können. Allerdings finden diese Veränderungen nur in Schichten im Bereich weniger Nanometer statt, so dass die Gefügestruktur im Substrat selbst unbeeinflusst bleibt. Ein elektrolytisches Vorbehandeln der Proben war bei CuBe2 nicht möglich, da aufgrund der Mehrphasigkeit unterschiedliche Ätzraten und damit ein strukturabhängiger Materialabtrag zu erwarten sind. Neben dem mechanisch vorbelasteten Ausgangszustand (einmaliges Einfedern auf den mittleren Spalt, Bild 3-3) wurde auch eine auf den mittleren Spalt eingefederte und für 1600 h im Wärmeschrank bei einer Temperatur von 180 °C ausgelagerte Probe untersucht (Bild 3-4). Da sich Beryllium aufgrund der Ordnungszahl von vier mit der Energiedispersiven Röntgenspektroskopie (EDX) nicht nachweisen lässt, erfolgte die Auswertung der REM-Aufnahmen als Kombination aus den EDX-Ergebnissen und der theoretisch zu erwartenden Gefügestruktur (Abschnitt 2.3.5).

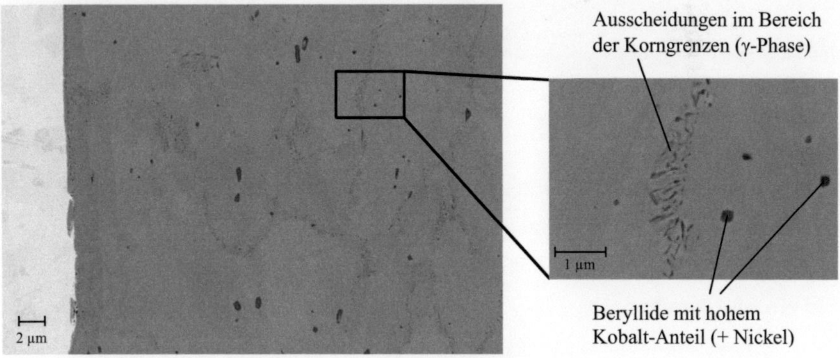


Bild 3-3: Mikrostruktur LAIA/0.2 im Ausgangszustand; einmal bei Raumtemperatur auf den mittleren Spalt eingefedert (Querschliff nach Bild 3-2, REM)

Im Ausgangszustand ist neben der Silberbeschichtung (linker Bereich in Bild 3-3) das Gefügebild von CuBe2 erkennbar. An den Korngrenzen haben sich bereits Ausscheidungen gebildet, die mit der γ-Phase assoziiert werden können. Ebenfalls können Beryllide bevorzugt in den Körnern selbst nachgewiesen werden, die sich durch ihre rundliche Form und die vergleichsweise große Ausdehnung kennzeichnen. Hingegen sind die festigkeitsbestimmenden und als fein verteilt erwarteten metastabilen Zwischenphasen nicht erkennbar. Aus diesem Grund ist es auch nicht möglich, direkte Rückschlüsse auf eventuell veränderte mechanische Eigenschaften der temperatur- und spannungsbelasteten Materialproben zu ziehen. Festzuhalten ist aber, dass sich die grundlegende Struktur durch die Auslagerung der Kontaktlamellen bei einer Temperatur von 180 °C und Einfederung auf den mittleren Spalt nicht signifikant geändert hat (Bild 3-4). Zudem wären, bedingt durch das Umlösen der metastabilen γ′-Phase in die γ-Gleichgewichtsphase, größere Anteile dieser Ausscheidungen im Bereich der Korngrenzen oder den Körnern selbst zu erkennen.

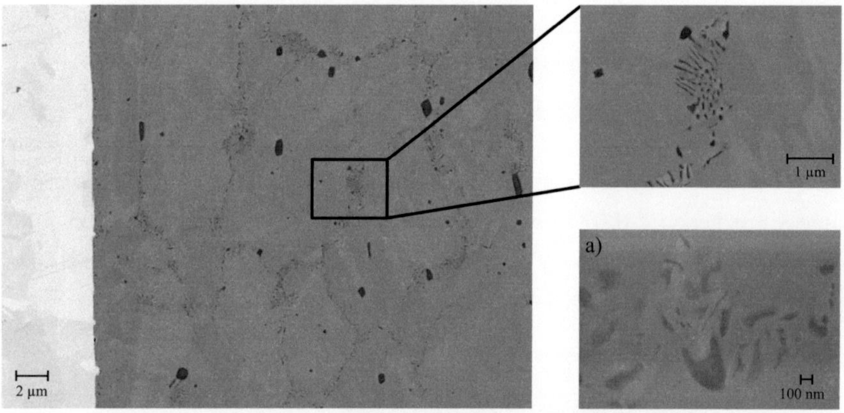


Bild 3-4: Mikrostruktur LAIA/0.2 nach 1600 h auf den mittleren Spalt eingefedert und bei 180 °C im Wärmeschrank ausgelagert; a) Detailansicht einer Korngrenze mit Ausscheidungen der γ-Phase (vgl. Bild 3-3)

Selbst im 50.000-fach vergrößerten Ausschnitt eines Korns sind keine eindeutigen Schlüsse zwischen Ausgangszustand und ausgelagerter Probe zu erkennen (Bild 3-5). Es sind zwar Schattierungen zu sehen, die mit den metastabilen Zwischenphasen assoziiert werden könnten, aber kein fortgeschrittenes Wachstum der γ-Phase erkennbar. Um dieses Ergebnis weiter abzusichern, wurde eine Probe des Ausgangszustands zusätzlich durch das Helmholtz-Zentrum Berlin für Materialien und Energie in einem Transmissionselektronenmikroskop (TEM) untersucht.

Die Probenpräparation erfolgte analog zu den REM-Untersuchungen mittels Ionenstrahlverfahren. Allerdings musste die Probe für das TEM bis auf eine Dicke im Bereich von einigen Nanometern ausgedünnt werden. Da das TEM keine Tiefenempfindlichkeit besitzt, ergeben TEM-Bilder immer nur einen „Mittelwert“ über die Dicke des Präparats. Um also eindeutige Aussagen in Bezug auf die wenige Nanometer großen metastabilen Zwischenphasen zu bekommen, muss die zu durchstrahlende Probe so dünn wie möglich sein.

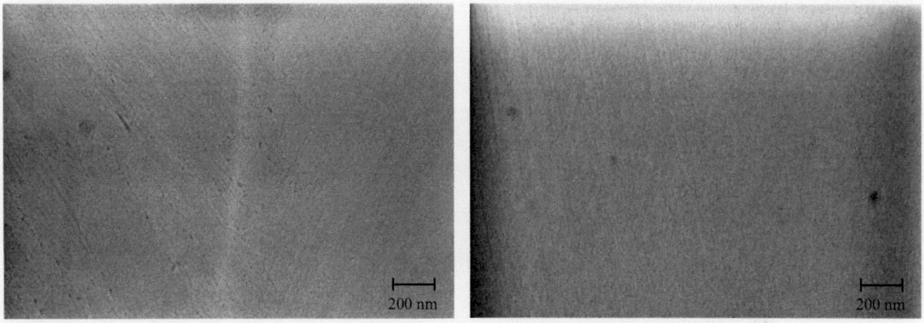


Bild 3-5: Mikrostruktur LAIA/0.2 innerhalb eines Korns (REM, 50.000x)
Ausgangszustand (links) und nach 1600 h bei mittlerem Spalt im Wärmeschrank (rechts)

Problematisch an dieser Stelle ist aber das bei mehrphasigen Legierungen notwendige Ionendünnen, das die Gefügestruktur aufgrund des Wärmeeintrags in der gleichen Größenordnung verändern kann. Deshalb konnten auch die TEM-Untersuchungen keine eindeutigen Aussagen hinsichtlich der Größe und Verteilung der festigkeitsbestimmenden Ausscheidungen im CuBe2 liefern. Da sich bei einem möglichen Umlösen der metastabilen Zwischenphasen aber gleichzeitig eine größere Menge der auch im REM sichtbaren $\gamma$-Phase bilden müsste, kann durch den Vergleich von Bild 3-3 und Bild 3-4 bzw. Bild 3-5 geschlussfolgert werden, dass dieses Umlösen im betrachteten Zeitbereich noch nicht signifikant war. Zudem wurden die Berechnungen zum Kraftabbau nur bis zu einer Temperatur von 115 °C durchgeführt (0,31 $T_L$). Es ist daher nicht damit zu rechnen, dass sich in diesem Temperaturbereich signifikante Veränderungen in der Mikrostruktur einstellen, die bei einer Temperatur von 180 °C nicht feststellbar sind.

## 3.3 Mechanisches Berechnungsmodell

Die komplexe Geometrie der Kontaktlamelle LAIA in Verbindung mit den zu beachtenden Randbedingungen macht eine geschlossene Lösung des die Vorgänge beschreibenden Gleichungssystems praktisch unmöglich. Daher wurden im Rahmen dieser Arbeit sowohl die Federcharakteristik als auch die spannungsrelaxationsbedingte Abnahme der Verbindungskraft mit dem FEM-Programm ANSYS berechnet. Die nachfolgend beschriebenen Berechnungen sind exemplarisch mit der Kontaktlamelle LAIA/0.15 durchgeführt worden. Durch veränderte Geometriemodelle können die Berechnungen auf andere Blechstärken und Kontaktlamellen übertragen werden. Die verschiedenen Blechstärken der Kontaktlamelle LAIA verhalten sich in Bezug auf die Federcharakteristik, aber auch das Relaxationsverhalten, prinzipiell gleich, wie auch die Ergebnisse der Langzeitversuche zeigen (Abschnitt 3.6).

### 3.3.1 Finite Elemente Methode

Zum Untersuchen mechanischer Prozesse ist die Finite Elemente Methode (FEM) das am weitesten verbreitete numerische Berechnungsverfahren. Die FE-Methode bietet eine Vielzahl von Anwendungsmöglichkeiten, von denen statische und dynamische mechanische Berechnungen nur einen kleinen Teil ausmachen. Weitere Anwendungsbeispiele für die FEM sind die Berechnung von Wärmeübertragungsvorgängen, Magnetfeldern und Strömungsmodellen [26], [62].

Die zu untersuchenden Bauteile werden zunächst in Finite Elemente eingeteilt, wobei für die Knoten jedes Elementes Steifigkeitsbeziehungen zwischen Kräften und Verformungen mit Hilfe der sogenannten Steifigkeitsmatrix festzulegen sind (Gl. (3-3)). Unter Berücksichtigung von Gleichgewichts- und Kompatibilitätsbedingungen entsteht eine physikalische Verbindung zwischen den einzelnen Elementen und damit eine Gesamtsteifigkeitsmatrix $\boldsymbol{K}$.

$$\boldsymbol{K}_e \, \underline{\boldsymbol{u}}_e = \underline{\boldsymbol{F}}_e \tag{3-3}$$

mit $\boldsymbol{K}_e$ ... Elementsteifigkeitsmatrix

$\underline{\boldsymbol{u}}_e$ ... Vektor der Knotenverschiebungen des Elementes

$\underline{\boldsymbol{F}}_e$ ... Vektor der Knotenkräfte

Je nach Erfordernis müssen nun Randbedingungen und Lasten festgelegt werden. Das Gleichungssystem wird vom FEM-Programm (gegebenenfalls iterativ) gelöst und im Anschluss daran von der Knotenverschiebung abgeleitete Größen berechnet (Dehnungen, Reaktionskräfte, usw.).

### 3.3.2 FEM-Modell für die Kontaktlamelle LAIA/0.15

Ausgangspunkt für den Aufbau des Geometriemodells war eine CAD-Zeichnung (Bild 2-2), die mit der Software ProEngineer für das Importieren in das FEM-Programm ANSYS aufbereitet wurde. Um die Geometriedaten der Kontaktlamelle und damit auch die anschließende Vernetzung zu vereinfachen, wurden die Prägungen an den Zähnen und den Kontaktlamellenbändern entfernt. Damit bei den durchzuführenden Berechnungen die Steganzahl der Kontaktlamellen variiert werden kann, wurde aus der CAD-Zeichnung mit

6 Stegen genau ein Steg abgetrennt und separat im IGES-Format gespeichert. Dieses programmunabhängige Geometrieaustauschformat ermöglicht ein einfaches Importieren von Volumenkörpern in ANSYS. Zeichnungen dieses Formats können allerdings nicht oder nur sehr eingeschränkt mit CAD-Zeichenprogrammen bearbeitet werden.

Die Befehle zum Aufbau des Modells und zum Festlegen der Randbedingungen wurden in einer parametrischen Textdatei hinterlegt und von ANSYS nach dem Stapelverarbeitungsprinzip umgesetzt. Im Anschluss an die Definition von Variablen und Konstanten wird der vorbereitete Kontaktlamellensteg als Volumenkörper importiert. Da die automatische Vernetzung den gestellten Genauigkeitsanforderungen nicht gerecht werden konnte, mussten die Flächenbegrenzungslinien schrittweise mit entsprechenden Befehlen segmentiert werden. Die Liniensegmente dienten als Grundlage für die Vernetzung mit Tetraederelementen des Typs Solid 187, der durch zusätzliche Knoten in den Kantenmitten ein besseres Nachbilden von gebogenen Geometrien ermöglicht. Der verwendete Elementtyp beinhaltet alle im Hinblick auf die Kontaktlamellen interessanten Eigenschaften, wie beispielsweise Elastizität, Plastizität und Viskoplastizität.

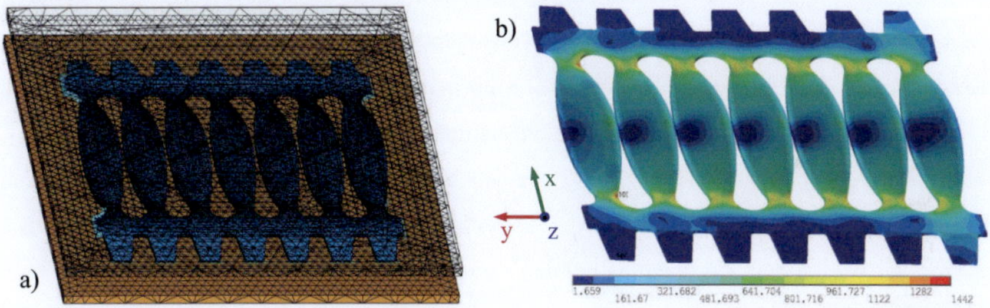


Bild 3-6: Berechnungsmodell LAIA (a) und Vergleichsspannungsverteilung (von Mises) bei Einfederung auf den mittleren Spalt (b)

Nach dem Segmentieren der Begrenzungslinien wurde der so bearbeitete Kontaktlamellensteg entsprechend der gewünschten Stegzahl kopiert und anschließend vernetzt (Bild 3-6 a). Die Feinheit der Vernetzung und damit die Größe der Finiten Elemente ist nicht in allen Bereichen der Kontaktlamelle gleich. Mechanisch hoch beanspruchte Bereiche, insbesondere der Übergang zwischen den Stegen und dem Kontaktlamellenband, sind entsprechend feiner unterteilt. Im weiteren Verlauf wurden Kontaktträgerflächen als Modell für die Druckplatten definiert, die ein kollisionsfreies Einfedern der Kontaktlamellen ermöglichen. Um zu verhindern, dass einzelne Bereiche der Kontaktlamelle diese Flächen durchstoßen, wurde mit Kontaktelementen gearbeitet. Die Kontaktbereiche der Kontaktlamellenstege sind mit

Elementen vom Typ Conta174 überzogen, während die Kontaktpartnerflächen als unverformbare Zielelemente des Typs Targe170 definiert wurden [26], [62]. Zusätzlich kamen Kontaktelemente für den Linienkontakt vom Typ Conta175 zum Einsatz, um die Kanten der Kontaktlamellenzähne sowie die Enden der Kontaktlamellenbänder am Durchstoßen der Kontaktpartnerflächen zu hindern. Durch Bewegen der oberen Fläche der Kontaktpartner bei gleichzeitiger Fixierung der unteren ist es möglich, die Kontaktlamelle einzufedern, ohne dass die geometrischen Grenzen der Modellanordnung verletzt werden.

Der beschriebene Berechnungsansatz mit unverformbaren Kontaktflächen als Nachbildung für die Druckplatten wurde nach den ersten Grundlagenberechnungen dem realen Anwendungsfall weiter angenähert. In der Praxis kann es beim Einfedern der Kontaktlamellen zum Eindrücken der zwar leicht vorgebogenen aber dennoch vergleichsweise scharfkantigen Stegränder in die Kontaktplatten kommen. Daher wurden die unverformbaren Kontaktflächen im Modell durch Volumenkörper aus Kupfer[12)] ersetzt. Diese Volumenkörper als Nachbildung für die Druckplatten sind analog zu den Kontaktlamellen mit tetraederförmigen Elementen des Typs Solid187 und im Kontaktbereich mit Zielelementen vom Typ Targe170 vernetzt. Bei diesem Modell bilden die Targe170-Elemente keine unverformbare Zielfläche nach, da ihnen die Materialkennwerte von Kupfer zugewiesen sind. Die berechneten Kontaktkräfte der Kontaktlamelle LAIA/0.15 mit massiven Kontaktplatten unterscheiden sich im Wertebereich nicht von denen mit unverformbaren Kontaktpartnerflächen. Allerdings können durch die Modellerweiterung die auch bei realen Verbindungen erkennbaren minimalen Vertiefungen im Bereich der Steg/Platte-Kontakte nachgebildet und bei Bedarf ebenso wie die Spannungsverteilung auf den Kontaktplatten ausgewertet werden.

Der Einsatz von Kontakt- und Zielelementen ermöglicht es, die geometrischen Randbedingungen einzuhalten und die Reibwerte zwischen den Kontaktpartnern variabel festzulegen. Für die meisten Berechnungen wurde ein Reibwert von $\mu_R = 0,35$ gewählt, der bei dem Hersteller der Kontaktlamellen als mittlerer Wert für „ganz leicht" geschmierte Reibpaarungen angesetzt wird. In der Literatur wird für ungeschmierte versilberte Reibpaarungen ein Wertebereich von $\mu_R = 0,5 \ldots 0,8$ angegeben [9]. Reine Silberoberflächen neigen zum Kaltverschweißen und haben deshalb einen großen Reibwert sowie einen hohen Schichtverschleiß [9], (s. a. Abschnitt 4). Der Reibwert kann im Berechnungsmodell beliebig variiert werden. Allerdings sollte der Reibwert im Bereich von $\mu_R = 0,01 \ldots 0,99$ liegen, da ansonsten die Berechnung nicht konvergiert. Um den Einfluss der Reibung auf die

12) $E = 120$ kN/mm$^2$; $\alpha_{th} = 16,7 \cdot 10^{-6}$ K$^{-1}$; $\nu = 0,35$; $R_{p0,2} = 200$ N/mm$^2$ nach [63]

Kontaktkraft untersuchen zu können, wurden Berechnungen mit verschiedenen Reibwerten durchgeführt; Unter anderem auch mit einem vernachlässigbar kleinem Reibwert von $\mu_R = 0{,}01$ bzw. als Äquivalent mit einer in Torsionsrichtung der Kontaktlamellenstege beweglicher oberer Kontaktplatte.

## 3.4 Berechnung der Federcharakteristik

Mit dem beschriebenen FEM-Modell und den experimentell bestimmten Materialeigenschaften von CuBe2 (Abschnitt 3.1) ist es möglich, verschiedene mechanische Berechnungen durchzuführen. Damit die zunächst entspannte Kontaktlamelle LAIA/0,15 mit einer Höhe von $h_S = 1{,}25$ mm eine Normalkraft auf die Druckplatten bzw. Kontaktflächen ausüben kann, muss diese eingefedert werden. Dies geschieht durch Verschieben der oberen Kontaktfläche in negativer z-Richtung (nach unten) bei gleichzeitig fixierter unterer Kontaktfläche (Bild 3-7). Auf diese Weise wird das Spaltmaß $h_S$ verändert, wobei der mittlere Spalt $h_{SN}$ für reale Verbindungen mit der Kontaktlamelle LAIA vom Hersteller festgelegt ist und bei den bereits beschriebenen Langzeitversuchen entsprechend eingestellt wurde.

a)

b)

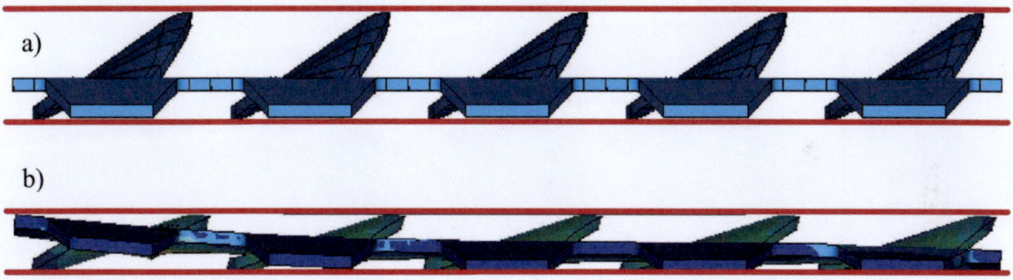

Bild 3-7: Kontaktlamelle LAIA im entspannten (a) und eingefederten (b) Zustand (Spaltmaß $h_S = 0{,}83\ h_{SN}$)

Beim Einfedern der Kontaktlamelle werden die stabilisierenden Bänder besonders im Bereich der äußeren Stege in Torsionsrichtung der Kontaktlamellenstege verbogen (Bild 3-7). Dies führt dazu, dass die äußeren Stege eine, verglichen mit den Stegen im mittleren Bereich der Kontaktlamelle, eine reduzierte Normalkraft erzeugen. Mit zunehmender Anzahl der Stege nimmt dieser Einfluss auf die Gesamtnormalkraft der Kontaktlamelle ab und kann bei der in den Langzeitversuchen gewählten Steganzahl von 35 vernachlässigt werden. Allerdings kann aufgrund der Komplexität des FEM-Modells und der damit verbundenen langen Rechenzeit eine Kontaktlamelle mit 35 Stegen nicht direkt berechnet werden. Untersuchungen mit verschiedenen Stegzahlen haben ergeben, dass eine Kontaktlamelle mit sieben Stegen einen guten Kompromiss hinsichtlich Rechenzeit und Genauigkeit darstellt. Auf Grundlage von

Berechnungen mit sieben Kontaktlamellenstegen und einer stegspezifischen Auswertung kann eine Kontaktlamelle mit beliebiger Steganzahl und guter Genauigkeit modelliert werden. Die berechneten Kräfte der drei äußeren Stege je Seite werden unverändert übernommen, um die geringere Kontaktkraft dieser Stege gegenüber dem mittleren Steg zu berücksichtigt. Durch *n*-maliges Multiplizieren der berechneten Kräfte für den mittleren Steg werden dann die äquivalenten Kräfte für eine Kontaktlamelle mit $(7 + n)$ Stegen berechnet. Für den Bezug zu den Langzeitversuchen wurden die Berechnungsergebnisse aus einem 7-Stege-FEM-Modell so aufbereitet, dass sie vergleichbar mit den dort verwendeten zwei Kontaktlamellenbändern mit jeweils 35 Stegen sind. Das Berechnungsmodell ist zudem parametrisch aufgebaut, so dass durch einfaches Ändern von Variablen im Kopf der Befehlsdatei beispielsweise der Reibwert, die Steganzahl, die einzulesenden Geometriedaten und die Materialeigenschaften verändert werden können. Alle an diese Angaben gekoppelten Randbedingungen werden dann automatisch angepasst.

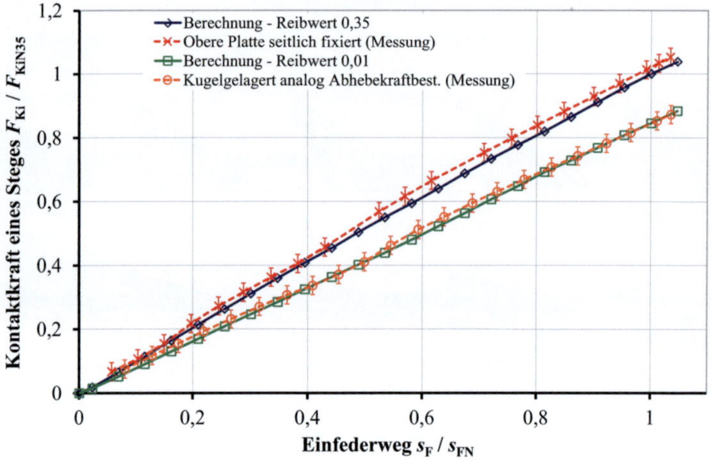


Bild 3-8: Vergleich gemessener und berechneter Einfederkennlinien - LAIA/0.15
Kontaktkraft eines Steges $F_{Ki}$ bezogen auf die berechnete Kontaktkraft $F_{KiN35}$ bei einem Reibwert von $\mu_R = 0{,}35$ und Einfederung auf die mittlere Spalthöhe $h_{SN}$

Die berechneten und gemessenen Federcharakteristiken für unterschiedliche Randbedingungen zeigen (Bild 3-8), dass durch die Reibung zwischen den Kontaktlamellen und den Kontaktflächen beim Ein- und Ausfedern der Kontaktlamelle die von außen feststellbare Kontaktkraft deutlich beeinflusst wird (Bild 3-9). Bei einem Reibwert von $\mu_R = 0{,}35$ und einer nur in z-Richtung (nach unten) beweglichen oberen Kontaktfläche sind die berechneten Normalkräfte beim Einfedern größer und beim Ausfedern kleiner als ohne

Reibung ($\mu_R = 0{,}01$). Die zu erwartende Kontaktkraft eines Steges $F_{Ki}$ beim Einfedern auf den mittleren Spalt $h_{SN}$ beträgt je nach Reibwert zwischen 84 % ($\mu_r = 0{,}01$) und 139 % ($\mu_r = 0{,}9$) der berechneten Kontaktkraft $F_{KiN35}$ bei einem Reibwert von $\mu_r = 0{,}35$. Beim Ausfedern von kleineren Spaltmaßen auf den mittleren Spalt, vergleichbar mit dem Messen der Abhebekraft bei den Langzeitversuchen, ist der Einfluss der Reibung nicht ganz so groß. Allerdings kehrt sich die Wirkungsrichtung der Reibung beim Ausfedern um; für diesen Fall konnte ein Kraftbereich für einen Steg von 92 % ($\mu_r = 0{,}01$) bis 61 % ($\mu_r = 0{,}9$) bezogenen auf $F_{KiN35}$ berechnet werden. Bei praktischen Messungen kann die Variante mit einem vernachlässigbar kleinen Reibwert näherungsweise durch eine in Torsionsrichtung der Kontaktlamellenstege bewegliche und reibungsminimal gelagerte obere Kontaktplatte nachgebildet werden (Bild 3-8, Abschnitt 3.5).

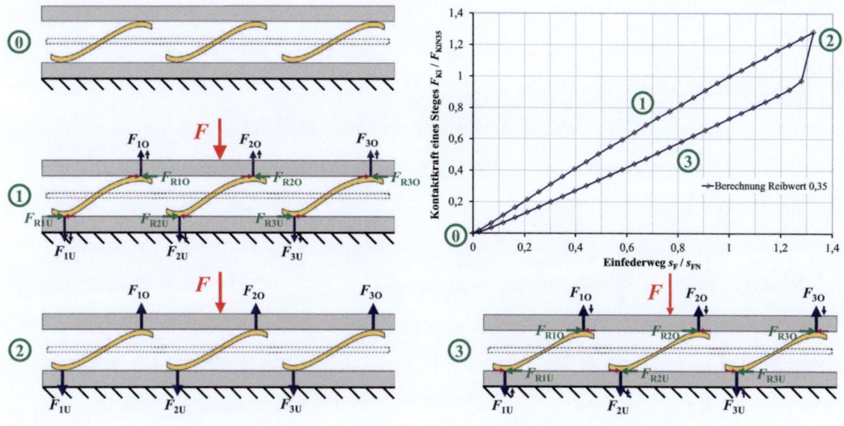


Bild 3-9: Schematische Darstellung des Einflusses der Reibung auf die Kontaktkraft beim Aus- und Einfedern einer Kontaktlamelle (Reibwert $\mu_r = 0{,}35$)
(0) … Entspannte Kontaktlamelle; (1) … Einfedern durch eine äußere Kraft;
(2) … Vernachlässigbarer Reibungseinfluss am Umkehrpunkt; (3) … Ausfedern

Wird die Kontaktlamelle zunächst auf den mittleren Spalt eingefedert, so ergeben sich für einen Reibwert von $\mu_R = 0{,}35$ die in Bild 3-6 dargestellten Vergleichsspannungen. Die größte mechanische Beanspruchung ist aufgrund des Torsionsfederprinzips in den Übergangsbereichen zwischen Steg und Kontaktlamellenband feststellbar, wobei die maximale Vergleichsspannung von $\sigma_V = 1442$ N/mm$^2$ deutlich oberhalb der Elastizitätsgrenze liegt ($R_{p0,2} = 1299$ N/mm$^2$), (Bild 3-6). Die Torsionsbeanspruchung wird in y- und z-Richtung durch Spannungen mit unterschiedlichen Vorzeichen repräsentiert. Die Spannungsverteilung in y-Richtung lässt außerdem den Schluss zu, dass neben der Torsion in den Übergangsbereichen auch das direkte Verbiegen der Stege durch die Normalkraft einen zusätzlichen Beitrag zur Kontaktkraft liefert. Diese zusätzliche Kraft wird dadurch verstärkt, dass beim Einfedern der Kontaktlamelle ein Gleiten der Stege entlang der Kontaktfläche durch die Reibung verhindert wird (Bild 3-9).

Wird die Kontaktlamelle, ausgehend vom entspannten Zustand ((0) in Bild 3-9), durch eine äußere Normalkraft $F$ belastet, die den von außen vorgegebenen Versatz der oberen Kontaktplatte in Normalrichtung repräsentiert, so beginnt das Einfedern der Stege ((1) in Bild 3-9). Die Kontaktlamellenstege reagieren auf die äußere Belastung mit entsprechenden Normalkräften, die durch das Torsionsfederprinzip entstehen. Durch die Reibung zwischen Steg und Kontaktplatte entsteht eine Reibkraft, die im Beispiel (Bild 3-9) 35 % der Normalkraft ausmacht ($\mu_r = 0{,}35$). Die Kontaktlamellenstege erfahren durch die Reibkräfte eine zusätzliche Biegung, da sie sich nicht widerstandsfrei verdrehen bzw. an den Kontaktplatten abgleiten können. Dadurch entsteht eine zusätzliche Kraft durch das Biegen der Stege, die der Ursache, also der Reibkraft, teilweise entgegenwirkt (Bild 3-9). Über den Reibwert werden damit zusätzliche Kräfte in Normalrichtung hervorgerufen, die sich den eigentlichen Normalkräften positiv überlagern und sich in Summe durch eine, von außen feststellbare, größere Kontaktkraft bemerkbar machen. Wird die äußere Normalkraft $F$ bei (2) (Bild 3-9) verringert, so können sich die Kontaktlamellenstege bei praktisch noch unveränderter Torsion im Gelenkbereich entspannen, was zu einer starken Abnahme der Kontaktkraft in diesem Bereich führt. Während des Ausfederns (3) (Bild 3-9) kehrt sich die Wirkung der Reibkraft um. Die Stege werden nun in entgegengesetzter Richtung beim Gleiten entlang der Kontaktflächen behindert, also, bildlich dargestellt, leicht gestreckt. Im Ergebnis entstehen dann zusätzliche Normalkräfte, die jedoch so gerichtet sind, dass sie den durch die Torsion der Kontaktlamellenstege erzeugten Normalkräfte entgegenwirken. Bei einem Reibwert von $\mu_R = 0{,}01$ ist dieses Verhalten in der Kontaktkraft kaum feststellbar, was sich auch durch eine geringere Vergleichsspannung und vor allem durch eine reibungsbedingt geringere mechanische Spannung in y-Richtung (Torsionsrichtung) im Bereich der Kontaktlamellenstege äußert.

## 3.5 Experimentelle Untersuchung zur Federcharakteristik

Die Berechnungsergebnisse zur Federcharakteristik der Kontaktlamelle LAIA/0.15 haben gezeigt, dass die von außen feststellbare Kontaktkraft von der Reibung zwischen den Kontaktplatten und den Stegen der Kontaktlamelle abhängig ist. Daher wurde eine Messanordnung entwickelt, mit der die Normalkraft der Kontaktlamelle beim Ein- und Ausfedern bei zwei unterschiedlichen Randbedingungen in Bezug auf die Reibung gemessen werden kann und damit die Berechnungsergebnisse verifiziert werden können. Als Basis für die Versuchsanordnung dient eine bereits vorhandene Kraftmesseinrichtung (Bild 3-10). Diese besteht aus einem Rahmen und einem beweglichen Stempel, der über einen Kraftaufnehmer (DMS-Vollbrücke; $F_{max} = 5$ kN) mit der Spindel einer großen Standbohrmaschine verbunden ist. Die Spindel kann durch ein Feingewinde sehr genau gestellt werden, was für die Messung der Kontaktkraft abhängig vom Einfederweg von großer Bedeutung ist. Der Rahmen ist so dimensioniert, dass er im untersuchten Kraftbereich in erster Näherung als ideal starr angenommen werden kann. Zumal der größte Teil der Kraft über den Stempel übertragen wird. Für das Messen von Kraft-Weg-Kennlinien ist ein induktiver Wegaufnehmer ($s_{max} = 2$ mm) am Stempel der Versuchsanordnung angebracht (Bild 3-10).

Bild 3-10: Versuchsanordnung zum Messen der Verbindungskraft

Durch eine seitlich angeordnete Lagerhalterung sowie eine fixierte untere Druckplatte kann die Kontaktkraft analog zum Berechnungsmodell sowohl bei nur in Einfederrichtung beweglicher oberer Druckplatte als auch bei einem zusätzlichen Freiheitsgrad in Torsionsrichtung der Kontaktlamellenstege gemessen werden (Bild 3-11). Für den letzteren Fall wird ein Kugellager verwendet, das von unten an den Stempelteller geschraubt werden kann (Bild 3-10).

Da der Stempel der Kraftmesseinrichtung durch die verwendete Standbohrmaschine nur nach unten gedrückt, jedoch nicht angehoben werden kann, muss die Gewichtskraft der oberen Druckplatte und des Stempels einschließlich der Messwertaufnehmer für die Kraft und den Weg als Offset berücksichtigt werden. Es ergeben sich Kräfte von $F_o = 49$ N ohne und

$F_m$ = 55 N mit angeschraubter Halterung für die Kugellager. Der dazugehörige Offset des Einfederwegs wird bei den Messungen zur Federcharakteristik durch Extrapolation der linearisierten Einfederkennline ermittelt.

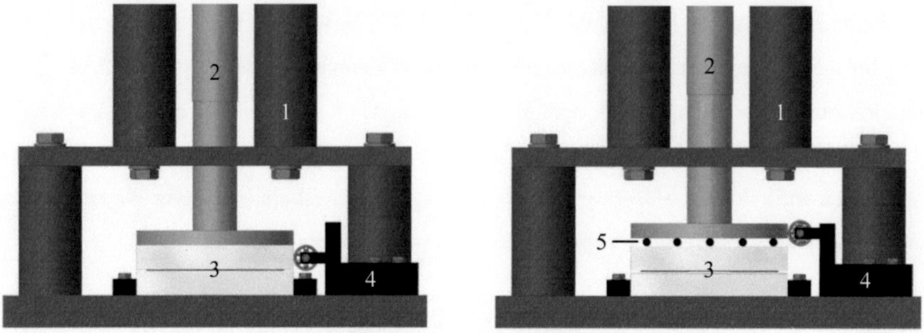


Bild 3-11: Erweiterte Versuchsanordnung zum Messen der Federcharakteristik
Obere Druckplatte nur in Normalkraftrichtung beweglich (links); Zusätzlicher Freiheitsgrad durch Kugellager zwischen Stempel und Druckplatte (rechts)
1 ... Rahmen; 2 ... Stempel; 3 ... Modellanordnung; 4 ... Halterung mit Wälzlager; 5 ... Kugellager

### 3.5.1 Obere Druckplatte nur in Einfederrichtung beweglich

Unter der Voraussetzung, dass sich die obere Druckplatte praktisch nur in Richtung der Normalkraft bewegen kann, ist beim Messen der Kontaktkraft die Reibung zwischen den Kontaktlamellenstegen und den Druckplatten dominant. Bei der verwendeten Versuchsanordnung (Bild 3-10, Bild 3-11) kann durch eine verschiebbare Halterung mit zwei auf einer Höhe angebrachten Wälzlagern eine reibungsarme Bewegung der oberen Druckplatte in Richtung der Ein- und Ausfederung der Kontaktlamellen sichergestellt werden.

Für die Messungen wurden zwei in Bezug auf die Torsionsrichtung der Stege gleich orientierte Kontaktlamellenbänder mit jeweils 35 Stegen (LAIA/0.15) auf die untere Druckplatte gelegt und diese dann mit den dafür vorgesehenen Schienen auf der Messanordnung fixiert. Anschließend wurden die Kontaktlamellen anhand der ausgefrästen Vertiefungen in der unteren Druckplatte ausgerichtet und die obere Druckplatte aufgesetzt (s. a. Bild 3-12). Nach Absenken des Stempels und der Justage von Kraft- und Wegaufnehmer ist die Halterung für die Wälzlager so befestigt worden, dass beide Lagerhülsen direkten seitlichen Kontakt mit der oberen Druckplatte hatten. Ein spaltfreies Ausrichten der Halterung ist erforderlich, da die zu erwartende Verschiebung durch das Einfedern der Kontaktlamellen lediglich im Bereich von wenigen zehntel Millimetern liegt und sich damit eine ungenaue Positionierung auf die Messergebnisse auswirken kann.

Es wird deutlich, dass beim Einfedern der Kontaktlamelle die berechnete Kurve für einen Reibwert von $\mu_R = 0{,}35$ und seitlich fixierter oberer Kontaktträgerplatte durch die Messung recht gut nachgebildet werden kann (Bild 3-8). Die Steigungen beider Kurven sind im Bereich des Einfederns vergleichbar.

### 3.5.2 Beweglichkeit der oberen Druckplatte auch in Torsionsrichtung

Soll der Einfluss der Reibung messtechnisch minimiert werden, so muss die obere Druckplatte zusätzlich in Torsionsrichtung der Kontaktlamellenstege (seitlich) beweglich sein. Dies wird erreicht, indem der Stempelteller mit zwei weiteren Wälzlagern bei gleichzeitiger reibungsarmer Lagerung der oberen Druckplatte durch ein Kugellager fixiert wird (Bild 3-10, Bild 3-11). Für das Kugellager zwischen Stempelteller und oberer Druckplatte werden Stahlkugeln mit einem Durchmesser von 5 mm verwendet. Der Stempelteller und die Aufnahme der Kugellager (Bild 3-10) wurden dazu aus gehärtetem Stahl gefertigt, um ein mögliches Eindrücken der Stahlkugeln zu minimieren. Die Kontaktkraft wird ansonsten völlig analog zu Abschnitt 3.5.1 gemessen.

Wie schon bei seitlich fixierter oberer Druckplatte wird auch bei reibungsarmer Lagerung im Bereich des Einfederns eine gute Übereinstimmung zwischen berechneter und gemessener Kraft-Weg-Kennlinie erreicht (Bild 3-8).

## 3.6 Langzeitversuche zum Kraftabbau

### 3.6.1 Versuchsaufbau der Langzeitversuche mit CuBe2-Kontaktlamellen

Zwischen zwei versilberten Kupferplatten, im weiteren Verlauf als Druckplatten bezeichnet, sind jeweils 2 Bänder der Kontaktlamelle LAIA mit einer Steganzahl von 35 und einer Blechstärke von 0,15 mm (LAIA/0.15) bzw. 0,2 mm (LAIA/0.2) eingelegt (Bild 3-12).

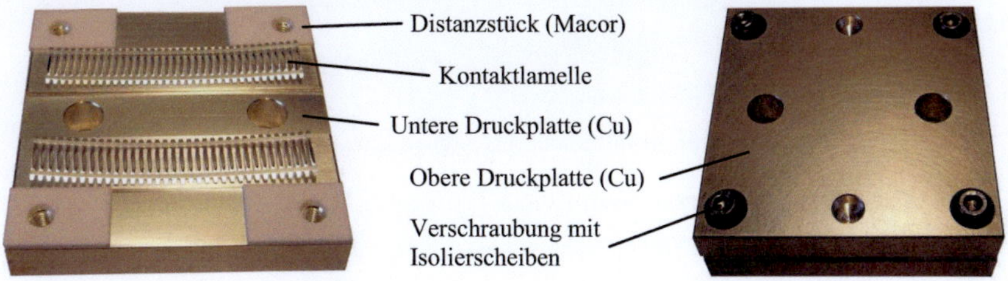


Bild 3-12: Modellanordnung für die Langzeitversuche zur Spannungsrelaxation

Mit Distanzstücken aus Macor[13)] wurden die Kontaktlamellen auf den vom Hersteller angegebenen mittleren Spalt $h_{SN}$ eingefedert. Das Spaltmaß $h_{SN}$ wird bei den verschraubten Druckplatten durch insgesamt 4 Distanzstücke eingestellt und kann als zeitunabhängig betrachtet werden (Bild 3-12).

Damit der elektrische Strom beim Messen der Verbindungswiderstände oder in den Langzeitversuchen nur über die Kontaktlamellen fließen kann, wurden im Bereich der Verschraubung isolierende Unterlegscheiben aus dem glasfaserverstärkten Hochleistungskunststoff TORLON 5030 eingesetzt. Die Zeitstandfestigkeit von MACOR und TORLON 5030 wurde in Vorversuchen bei der in den Langzeitversuchen zu erwartenden mechanischen Belastung und bis zu einer Temperatur von 180 °C nachgewiesen. Da die Kontaktlamellen nur im Bereich von einigen zehntel Millimetern eingefedert sind, müssen die im Hinblick auf den zu realisierenden Spalt entscheidenden Abmessungen sehr genau eingehalten werden. Die unteren Druckplatten wurden im Bereich der Distanzstücke ausgefräst, um für das Einfedern auf den mittleren Spalt $h_{SN}$ Distanzstücke mit einer größeren Dicke für eine bessere Handhabbarkeit einsetzen zu können. Prinzipiell ist es möglich, durch eine veränderte Dicke der Distanzstücke auch andere Spaltmaße einzustellen.

Bild 3-13: Versuchsaufbau für die stromdurchflossenen Langzeitversuche

Die verschraubten Modellanordnungen (Bild 3-12) wurden bei Temperaturen von 90 °C und 115 °C ausgelagert und sowohl die Verbindungskräfte als auch die Verbindungswiderstände abhängig von der Zeit gemessen. Zum Messen der Verbindungskräfte, bzw. der Abhebekräfte

---

13) Spanend bearbeitbare Glaskeramik mit hoher Druck- und Zeitstandfestigkeit

der oberen Druckplatte, wurde die bereits beschriebene Versuchsanordnung (Bild 3-10) verwendet. Mit einem Mikroohmmeter wurden die Verbindungswiderstände nach dem Vier-Punkt-Prinzip gemessen. Um die geforderten Belastungstemperaturen zu erreichen, wurden mehrere Modellanordnungen mit M10-Gewindestangen zu Stapeln verspannt und damit elektrisch in Reihe geschaltet (Bild 3-13); Diese Stapel wurden mit elektrischem Strom belastet. Durch selektives thermisches Isolieren der stromdurchflossenen Anordnungen war es möglich, die oben genannten Temperaturen genau einzustellen.

Parallel zu den mit elektrischem Strom belasteten Proben wurde eine gleiche Anzahl von Modellanordnungen in Wärmeschränken ausgelagert, um einen möglichen Einfluss des Betriebsstroms auf die Alterung erfassen zu können (Elektromigration, elektroplastischer Effekt).

Bei den Langzeitversuchen zur Spannungsrelaxation wird die Abhebekraft der oberen Druckplatte abhängig von der Zeit gemessen. Dabei muss der durch die Reibung zwischen den Stegen der Kontaktlamellen und den Druckplatten entstehende Einfluss auf die zu messende Kraft so gering wie möglich oder zumindest konstant sein. Durch die berechneten und gemessenen Kraft-Weg-Kennlinien mit gleich orientierten Kontaktlamellenstegen (in Bezug auf die Torsionsrichtung der Stege) konnte nachgewiesen werden, dass der Reibungseinfluss auf die Kontaktkraft stark von den Freiheitsgraden der oberen Druckplatte abhängig ist (Abschnitte 3.4 und 3.5). Aus diesem Grund wurden in den Langzeitversuchen die beiden Kontaktlamellenbänder mit jeweils 35 Stegen entgegengesetzt orientiert eingefedert und zusätzlich das bereits beschriebene Kugellager zwischen Stempelteller und oberer Druckplatte verwendet (Bild 3-10). Dadurch lässt sich der Einfluss der Reibung weiter minimieren. Dennoch ist die Kontaktkraft beim Ausfedern der Kontaktlamellen kleiner als beim Einfedern. Der prozentuale Unterschied konnte durch Messungen bis zum mittleren Spalt nach Herstellerangeben mit 10 % ermittelt werden. Entscheidend für die Langzeitversuche ist jedoch, das mit entgegengesetzt orientierten Kontaktlamellen und eingebautem Kugellager nicht mit einem veränderten Einfluss der Reibung zu unterschiedlichen Messzeitpunkten gerechnet werden muss, was bei gleich orientierten Kontaktlamellen und ohne Kugellager sicher der Fall gewesen wäre.

### 3.6.2 Messergebnisse

Die Langzeitversuche mit der Kontaktlamelle LAIA und den Blechstärken 0,15 mm (LAIA/0.15) bzw. 0,2 mm (LAIA/0.2) zeigen einen Abbau der Verbindungskräfte auf 85 % (90 °C) bzw. 58 % (115 °C) bezogen auf die Verbindungskraft $F_{VS600h}$ eines Steges nach einer

Zeit von $t = 600$ h bei den Versuchen im Wärmeschrank nach einer Belastungszeit von 22.000 h (Bild 3-14). In den stromdurchflossenen Versuchen zeigte sich demgegenüber ein etwas geringerer Kraftabbau, nämlich auf 80 % (90 °C) bzw. 60 % (115 °C) von $F_{VS600h}$ nach gleicher Belastungszeit (Bild 3-15).

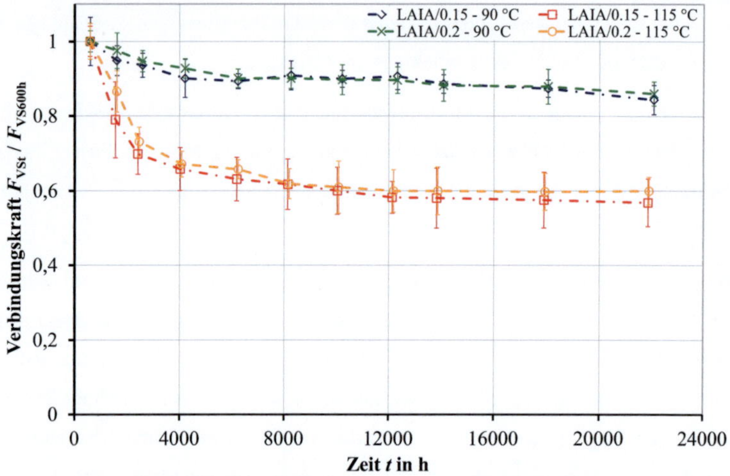


Bild 3-14: Gemessene Verbindungskräfte bezogen auf die Verbindungskraft $F_{VS600h}$ eines Steges nach $t = 600$ h abhängig von der Zeit (Wärmeschrank)

Die gemessenen Verbindungswiderstände nehmen nach der für versilberte Verbindungsflächen typischen Formierungsphase einen stabilen Wert zwischen 85 % und 90 % der Anfangswiderstände an (Bild 3-16 und Bild 3-17). Bei größerer Belastungstemperatur ist die anfängliche Abnahme der Verbindungswiderstände entsprechend größer, da die temperaturabhängige Abnahme der Festigkeit der Silberbeschichtung größere Berührungsflächen im Kontaktbereich zur Folge hat (Abschnitt 2.1.1). Die Modellanordnungen wurden während der Langzeitversuche nicht getrennt und erneut verbunden.

Die zeitlichen Verläufe der Verbindungswiderstände sind bei den stromdurchflossenen Proben tendenziell weniger schwankungsbehaftet als bei den Proben im Wärmeschrank. Während die im Wärmeschrank ausgelagerten Modellanordnungen einer homogenen Temperaturverteilung ausgesetzt waren, ist bei den mit elektrischem Strom belasteten Proben eine höhere Temperatur im Bereich der wahren Kontaktflächen, verglichen mit der eingestellten Temperatur im Probenstapel, zu erwarten. Wie groß dieser Temperaturunterschied tatsächlich ist, konnte in dieser Arbeit nicht näher untersucht werden.

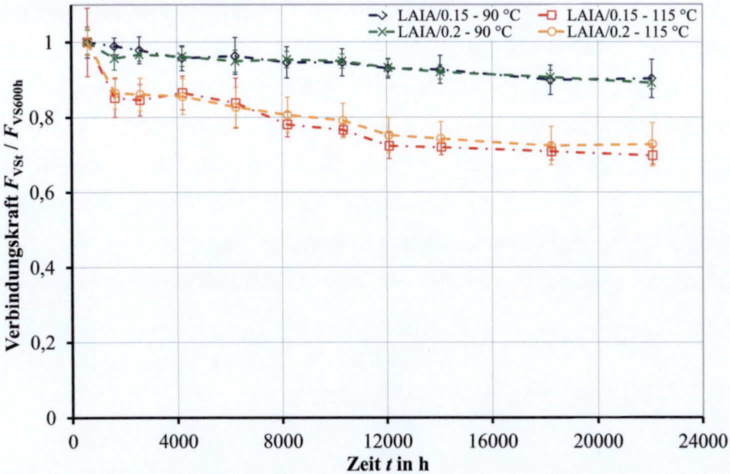


Bild 3-15: Gemessene Verbindungskräfte bezogen auf die Verbindungskraft $F_{VS600h}$ eines Steges nach $t$ = 600 h abhängig von der Zeit (Stromdurchflossen)

Die angesprochenen Temperaturunterschiede im Innern der Modellanordnungen sind auch ein Erklärungsansatz für den weniger stark ausgeprägten Kraftabbau bei den stromdurchflossenen Versuchen. In Bezug auf die Wärmeleitfähigkeit unterscheiden sich das Kupfer der Druckplatten und die Kupfer-Beryllium-Legierung der Kontaktlamellen um den Faktor 3,7[14)].

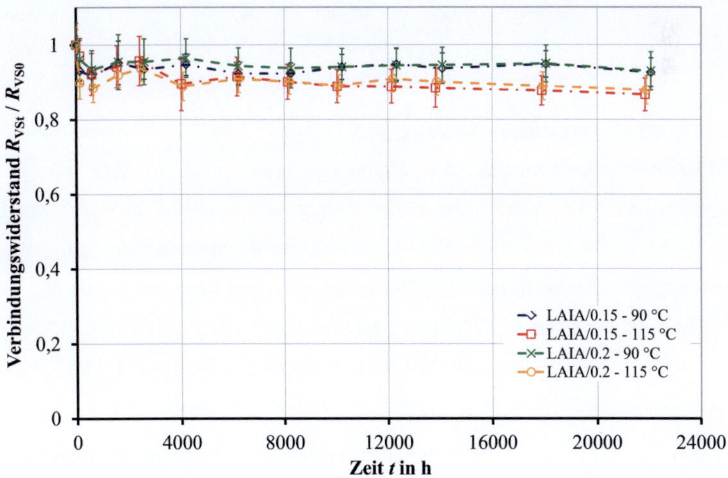


Bild 3-16: Gemessene Verbindungswiderstände abhängig von der Zeit (Wärmeschrank)

14) Wärmeleitfähigkeiten von CuBe2: $\lambda_{CuBe2}$ = 104 W/m K [56] und Cu-ETP: $\lambda_{Cu\text{-}ETP}$ = 386 W/m K [18]

Hinzu kommt, dass die wirksamen Querschnitte der Druckplatten wesentlich größer als die Querschnitte der Kontaktlamellenstege sind. Es kann daher erwartet werden, dass die höheren Temperaturen im Bereich der Mikrokontakte größtenteils über die Druckplatten an die Umgebung abgegeben werden und die für den Kraftabbau entscheidenden Torsionsbereiche der Kontaktlamellen davon nicht signifikant beeinflusst sind. Hinzu kommt, dass die mechanisch hoch belasteten Torsionsbereiche im Normalbetrieb nicht vom elektrischen Strom durchflossen werden, also thermisch nicht so hoch belastet sind. Wie bereits erwähnt, konnte diese Differenz im Rahmen dieser Arbeit nicht näher quantifiziert werden.

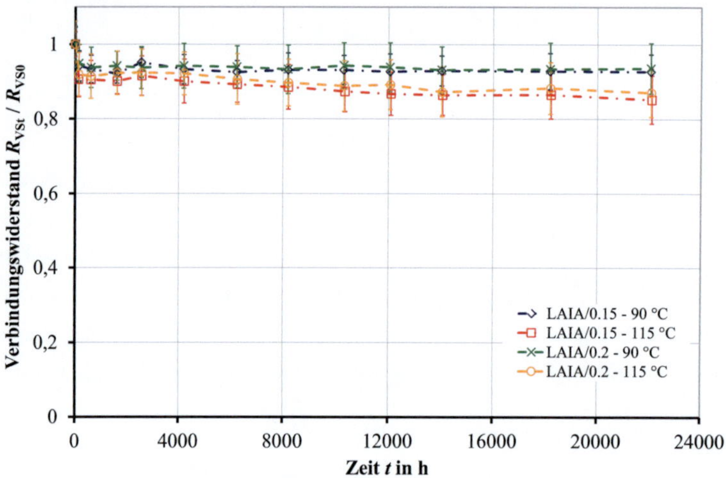


Bild 3-17: Gemessene Verbindungswiderstände abhängig von der Zeit (Stromdurchflossen)

Die gemessenen Verbindungskräfte (Bild 3-14 und Bild 3-15) zeigen einen stark ausgeprägten primären Bereich des Kraftabbaus, der deutlich über die bei den Zeitstandversuchen (Abschnitt 3.1) gewählte Versuchszeit von 1000 h hinausgeht. In den Zeitstandversuchen hat sich nach einer Zeit von 480 h bei den untersuchten Temperaturen die Verformungsgeschwindigkeit nicht mehr verändert, auch wenn der Zeitbereich des primären Bereichs der viskoplastischen Verformung mit der Temperatur tendenziell größer wurde. Allerding muss beachtet werden, dass die Kontaktlamellen in den Langzeitversuchen in eng begrenzten Bereichen bis zur Dehngrenze belastet sind (s. a. Abschnitt 3.3.2).

Diese mechanische Belastung hätte in den Zeitstandversuchen zu einem vorzeitigen Versagen der Proben geführt. Daher kann an dieser Stelle nur vermutet werden, dass im Grenzbereich der mechanischen Belastbarkeit ein größerer Zeitraum bis zum Erreichen eines Gleichgewichtszustands, also dem stationären Bereich beim Kraftabbau, erforderlich ist. Mit großer Wahrscheinlichkeit sind auch Setzprozesse in den Kontaktbereichen zwischen den Kontaktlamellenstegen und den Druckplatten dafür verantwortlich, dass der Zeitbereich des primären Kraftabbaus zwischen den Zeitstand- und den Langzeitversuchen nicht vergleichbar ist.

Auffällig ist zudem, dass in den Langzeitversuchen der größte Teil der Verbindungskraft im primären Bereich, also der Formierungsphase, einschließlich der Setzprozesse an den Kontaktstellen, abgebaut wird. Im untersuchten Temperaturbereich lassen sich im Bereich des sekundären Kraftabbaus nur leichte Unterschiede feststellen.

### 3.6.3 Vergleich des gemessenen Kraftabbaus mit Literaturangaben

Ein Werkstoff für federnde Kontaktelemente muss eine gute Zeitstandfestigkeit aufweisen, damit die Kontaktelemente in elektrischen Verbindungen langzeitstabil betrieben werden können. In vielen Fällen ist es für die Hersteller nicht möglich, umfangreiche Langzeitversuche mit ausgewählten Werkstoffen und realen Kontaktelementen durchzuführen. Eine gute Alternative können die Angaben von Werkstoffherstellern zur Relaxationsfestigkeit unter bestimmten Randbedingungen darstellen. Diese Angaben können in der Regel aber nicht direkt auf die Belastungsgrößen einer technischen Anwendung übertragen werden. Für das in dieser Arbeit untersuchte CuBe2 finden sich beispielsweise in [58] Angaben zur Relaxationsbeständigkeit bei verschiedenen Belastungstemperaturen (Bild 3-18). Die Ergebnisse in Bild 3-18 beziehen sich auf wärmebehandelte CuBe2-Blechstreifen, die im Biegetest nach ASTM E328 untersucht wurden. Die mechanische Ausgangsspannung betrug dabei 75 % der Dehngrenze $R_{p0,2}$.

Die in dieser Arbeit untersuchten Kontaktlamellen des Typs LAIA sind in den Übergangsbereichen zwischen den Stegen und dem Kontaktlamellenband mechanisch deutlich stärker beansprucht (Abschnitt 3.4). In diesen Bereichen kann im Ausgangszustand von einer mechanischen Spannung ausgegangen werden, die der Dehngrenze $R_{p0,2}$ entspricht. Der gemessene Kraftabbau in den Langzeitversuchen kann auf die Spannungsrelaxation in den eng begrenzten Gebieten der tordierten Stege zurückgeführt werden. Der Vergleich zwischen dem gemessenen Kraftabbau in den Langzeitversuchen und den Ergebnissen der Prüfung nach ASTM E328 mit einer mechanischen Ausgangsspannung von 75 % der Dehngrenze zeigt deutliche Unterschiede (vgl. Bild 3-14 und Bild 3-18).

Es ist offensichtlich, dass die Ausnutzung des Materials zu Beginn eines Relaxationstests einen großen Einfluss auf den Kraftabbau hat (vgl. Bild 3-21). Während sich bei der

Biegebelastung der CuBe2-Blechstreifen lediglich Zug- und Druckbereiche ausbilden, die durch die neutrale Faser voneinander getrennt sind, ist die Torsion der Kontaktlamellenstege mit Rechteckquerschnitt im Torsionsbereich deutlich komplexer [22]. Ob sich die komplexeren Spannungszustände tatsächlich negativ auf das Zeitstandverhalten auswirken, kann hier nicht belegt werden.

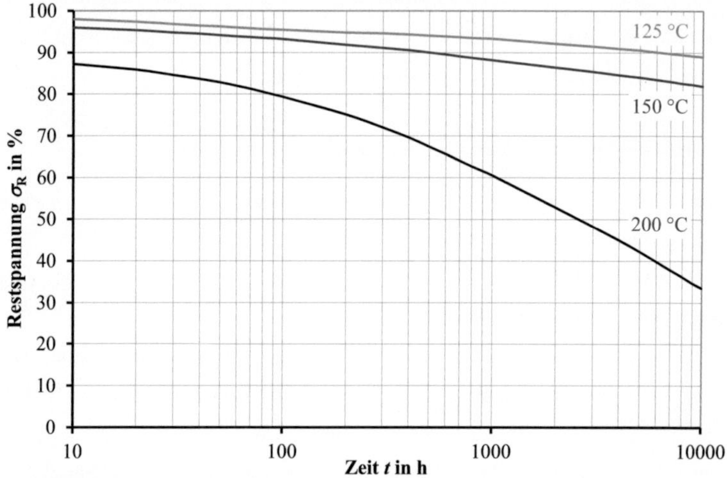


Bild 3-18: Mechanische Restspannung abhängig von der Temperatur und der Zeit [58] (wärmebehandelte CuBe2-Blechproben, Biegebelastung, Ausgangswert: 75 % von $R_{p0,2}$)

Es muss beachtet werden, dass die Angaben von Werkstoffherstellern zur Relaxationsfestigkeit nicht unmittelbar auf eine technische Anwendung übertragen werden können. Insbesondere den Randbedingungen in Bezug auf die mechanische Werkstoffauslastung kommt eine entscheidende Bedeutung zu.

## 3.7 Berechnung des Kraftabbaus

### 3.7.1 Ansatz mit der FE-Methode

Die Berechnung der Spannungsrelaxation mit der FE-Methode basiert auf der phänomenologischen Kriechgleichung für das sekundäre Kriechen nach Norton (Gl. (2-37)). Zwar ist in dem untersuchten Temperaturbereich das Kriechen als Mechanismus noch nicht aktiv, das prinzipielle Kraftabbauverhalten, also der abklingende exponentielle Charakter, lässt sich aber auch auf Erholungsvorgänge anwenden. Zumal im Temperaturbereich der „reinen“ Kriechuntersuchungen auch konventionelle Erholungsvorgänge mit erfasst werden.

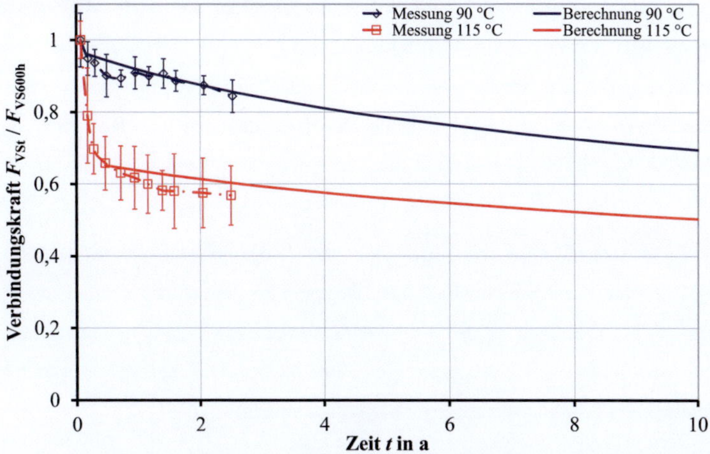


Bild 3-19: Gemessene und berechnete Verbindungskräfte für die Kontaktlamelle LAIA/0.15 bezogen auf die Verbindungskraft $F_{VS600h}$ eines Steges nach $t = 600$ h abhängig von der Zeit

Mit dem erstellten FEM-Berechnungsmodell für die Kontaktlamelle LAIA/0.15 wurde auf Grundlage von Gl. (2-37) die Abnahme der Verbindungskraft in den Modellanordnungen der Langzeitversuche bis zu einer Temperatur von 115 °C über einen Zeitraum von bis zu 50 Jahren berechnet (Bild 3-19, Bild 3-20, Bild 3-21). Weil mit der gewählten FE-Methode nur der stationäre Bereich des Kraftabbaus berechenbar ist, wurde als Anfangskraft für die Berechnungen der Wert festgelegt, bei dem der starke Kraftabbau des primären Bereichs praktisch abgeschlossen war (Bild 3-19).

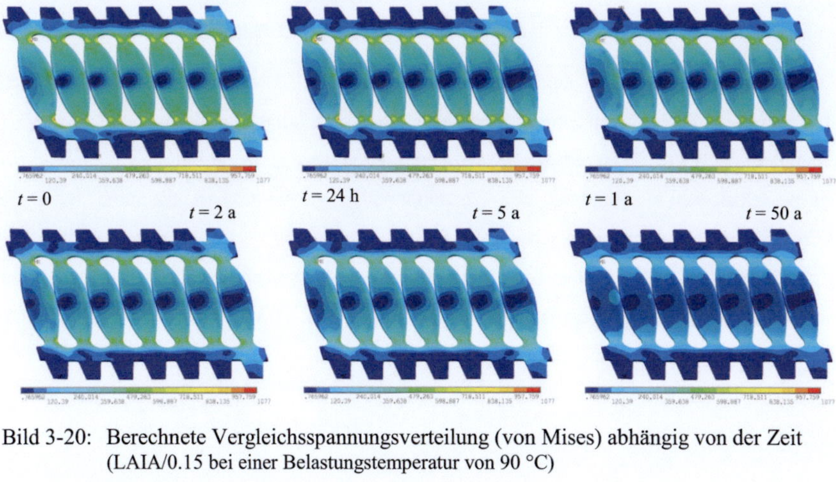


Bild 3-20: Berechnete Vergleichsspannungsverteilung (von Mises) abhängig von der Zeit (LAIA/0.15 bei einer Belastungstemperatur von 90 °C)

Die berechneten Verbindungskräfte im stationären Bereich zeigen für die verwendeten Zeitstandparameter $n = 3{,}41$, $Q_C = 43{,}135$ kJ/mol und $C = 4 \cdot 10^{-14}$ $(N/mm^2)^{-3{,}41}s^{-1}$ eine gute Übereinstimmung mit den Messwerten aus den Versuchen im Wärmeschrank. Nach einer Belastungszeit von 10 Jahren ergibt sich aus den Berechnungen eine Restkraft von 69 % (90 °C) bzw. 50 % (115 °C) bezogen auf die Verbindungskraft nach einer Zeit von $t = 600$ h (Bild 3-19).

Mit den FEM-Berechnungen wird der bei den Langzeitversuchen festgestellte stark ausgeprägte primäre Bereich nicht abgebildet. Der primäre Bereich des Kraftabbau setzt sich zusammen aus Setzprozessen an den Verbindungsflächen sowie dem spannungsinduzierten Bilden und Auslöschen von Versetzungen bis zu einem Quasi-Gleichgewichtszustand, ab dem die konventionellen Erholungsprozesse im Material dominant sind.

Im Bereich der Elektroenergietechnik werden die Anlagen für Lebensdauern im Bereich von 40 bis 50 Jahren ausgelegt. Für die untersuchten CuBe2-Kontaktlamellen sind auf Grundlage der durchgeführten FEM-Berechnungen für den Fall der Dauerbelastung und einem Zeitraum von 50 Jahren Restkräfte von 45 % (90 °C) bzw. 34 % (115 °C) bezogen auf die Verbindungskraft nach einer Zeit von $t = 600$ h zu erwarten. Diese Erkenntnisse müssen insbesondere bei Dauerlasten und einer Temperatur von 115 °C in die Auslegung entsprechender Anwendungen einfließen, um die geforderten langen Lebensdauern zu erreichen. Erfahrungen aus der Praxis zeigen, dass dies möglich ist. Die gemessenen Verbindungswiderstände in den Langzeitversuchen im Temperaturbereich bis zu 115 °C haben sich bei den bisher erreichten Verbindungskräften nicht signifikant verschlechtert, allerdings muss bei erneutem stecken einer Steckverbindung mit den berechneten Restkräften mit größeren Verbindungswiderständen gerechnet werden (vgl. Bild 3-1).

Die Geschwindigkeit des Kraftabbaus hängt von der Belastungstemperatur und den mechanischen Spannungen im Material ab. Um den Kraftabbau insbesondere bei einer Temperatur von 115 °C zu reduzieren, kann empfohlen werden, das anfängliche Spaltmaß bei einer elektrischen Verbindung mit Kontaktlamellen zu vergrößern. Dadurch wird die Verbindungskraft und damit auch die mechanische Spannung in den Torsionsbereichen der Kontaktlamellen kleiner. Wie sich die Verbindungskraft bei verschiedenen Anfangskräften im stationären Bereich des Kraftabbaus abhängig von der Zeit verändert, wurde mit dem FEM-Modell der Kontaktlamelle LAIA/0.15 berechnet (Bild 3-21).

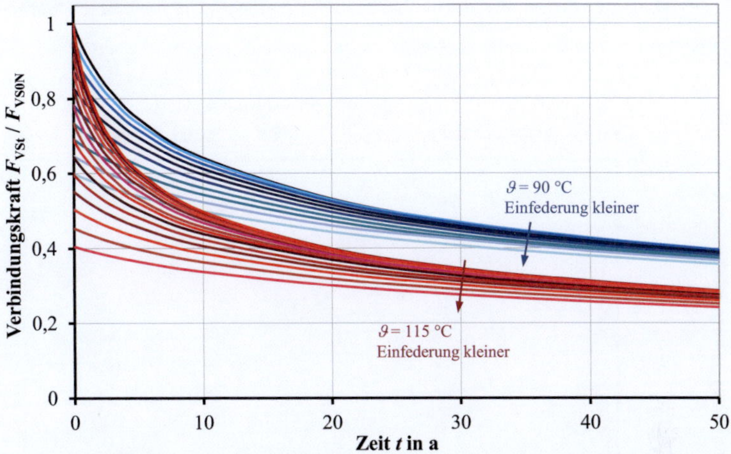


Bild 3-21: Berechnungen des stationären Kraftabbaus bei unterschiedlichen Anfangskräften (Verbindungskräfte bezogen auf die temperaturabhängige Verbindungskraft beim mittleren Spalt)

Während sich zu Beginn des stationären Kraftabbaus signifikante Unterschiede zwischen den gewählten Anfangskräften für eine Belastungstemperatur ergeben, sind diese Unterschiede nach einer berechneten Zeitdauer von 50 Jahren nur noch marginal. Dennoch kann bei elektrischen Verbindungen mit Kontaktlamellen, die nicht für dauernd hohe thermische Belastungen und/oder einer Lebensdauer von mehreren Jahrzehnten vorgesehen sind, durch Reduzieren des Einfederwegs der Kraftabbau verringert werden.

### 3.7.2 Extrapolation nach Larson und Miller

Eine weitere Möglichkeit, den Kraftabbau in elektrischen Verbindungen mit Kontaktlamellen zu berechnen, stellt die Extrapolationsmethode nach Larson und Miller dar (Abschnitt 2.4.2). Der Vorteil dieses Ansatzes ist, dass ein aufwendiges Bestimmen der Zeitstandparameter nicht notwendig ist (vgl. Abschnitt 3.1). Die Extrapolation erfolgt auf Grundlage der Messergebnisse aus den Langzeitversuchen (Abschnitt 3.6.2).

Im ersten Schritt wird der Larson-Miller-Parameter $P$ nach Gl. (2-43) berechnet und anschließend die logarithmierte Verbindungskraft über dem Larson-Miller-Parameter aufgetragen (Gl. (2-44), Bild 3-22). Mit einer gemeinsamen Ausgleichsgeraden für die Versuchstemperaturen 90 °C und 115 °C (Bild 3-22) können die Regressionsparameter $a$ und $b$ bestimmt werden. Sind die Regressionsparameter bekannt, können im nächsten Schritt durch Einsetzen von Gl. (2-43) in Gl. (2-44) für Temperaturen im Untersuchungsbereich und theoretisch beliebige Zeiten die verbleibenden Verbindungkräfte berechnet werden. Das Zeitextrapolationsverhältnis sollte aber nicht zu groß gewählt werden (Abschnitt 2.4.2).

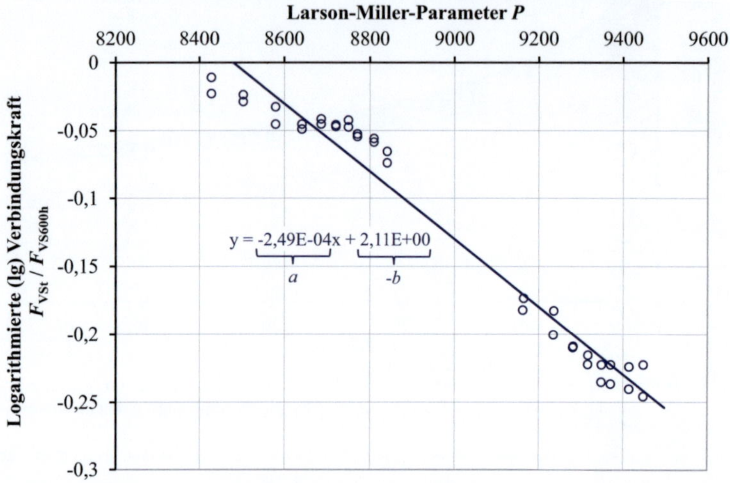


Bild 3-22: Logarithmierte Verbindungskräfte der Kontaktlamellen LAIA/0.15 und LAIA/0.2 bezogen auf die Verbindungskraft $F_{VS600h}$ eines Steges nach $t = 600$ h abhängig vom Larson-Miller-Parameter

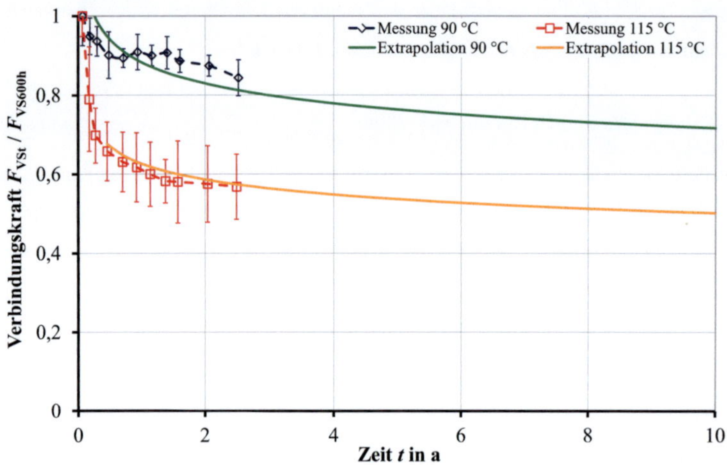


Bild 3-23: Vergleich gemessener und extrapolierter Verbindungskräfte (LAIA/0.15)

Der Vergleich zwischen den gemessenen und mit der Larson-Miller-Methode berechneten Verbindungskräften zeigt insbesondere bei einer Temperatur von 115 °C eine gute

Übereinstimmung im Untersuchungszeitraum der Langzeitversuche im Sinne einer Ausgleichskurve (Bild 3-23).

Die Extrapolation liefert für eine Temperatur von 90 °C und einer Zeit von 10 Jahren (vgl. Bild 3-19) eine Restkraft von 72 % bezogen auf die Verbindungskraft nach einer Zeit von $t = 600$ h. Bei gleicher Zeit und einer Temperatur von 115 °C ergibt sich eine Restkraft von 50 %. Für eine Betriebsdauer von 50 Jahren ergeben sich Restkräfte von 62 % (90 °C) bzw. 43 % (115 °C), wobei hier das große Extrapolationsverhältnis als kritisch zu bewerten ist.

Bei gleichen Mechanismen des Kraftabbaus ist, entsprechend der Idee der Larson-Miller-Methode, eine gemeinsame Ausgleichsgerade für beide untersuchten Temperaturen zu erwarten. Allerdings zeigt die Auswertung in Bild 3-24, dass sich die Anstiege für 90 °C und 115 °C unterscheiden (Faktor 2).

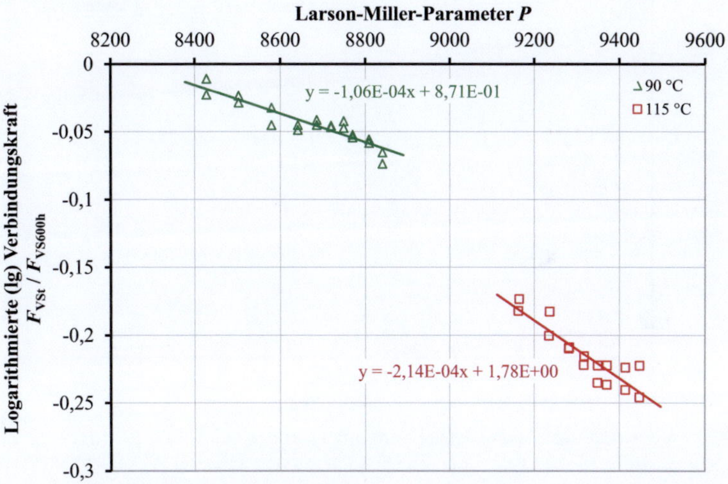


Bild 3-24: Logarithmierte Verbindungskräfte der Kontaktlamellen LAIA/0.15 und LAIA/0.2 bezogen auf die Verbindungskraft $F_{VS600h}$ eines Steges nach $t = 600$ h abhängig vom Larson-Miller-Parameter (separate Regression für die Temperaturen 90 °C und 115 °C)

Da in den Zeitstandversuchen keine Änderung des dominierenden Mechanismus im stationären Verformungsbereich festgestellt werden konnte, müssen die unterschiedlichen Anstiege durch einen unterschiedlich ausgeprägten primären Kraftabbau oder Vorgängen an den Grenzflächen der Modellverbindungen hervorgerufen werden (Abschnitt 3.6.2).

### 3.7.3 Vergleich der Berechnungsergebnisse nach LM- und FE-Methode

Obwohl die Herangehensweise der beiden betrachteten Berechnungsmethoden für die temperatur- und zeitabhängigen Verbindungskräfte unterschiedlich ist, ergeben sich dennoch vergleichbare Ergebnisse. Die extrapolierten Verbindungskräfte nach einer Zeit von 10 Jahren stimmen sehr gut mit denen der FE-Methode überein (Bild 3-25). Nach einer Zeit von 50 Jahren ist die bezogene Restkraft nach dem FEM-Modell bei einer Temperatur von 90 °C deutlich kleiner (45 %) als nach der Larson-Miller-Methode (62 %), auch wenn, wie bereits erwähnt, das große Extrapolationsverhältnis als kritisch zu bewerten ist. Nach gleicher Zeit und einer Temperatur von 115 °C sind die Abweichungen zwischen den beiden Methoden kleiner (34 % bzw. 43 % Restkraft).

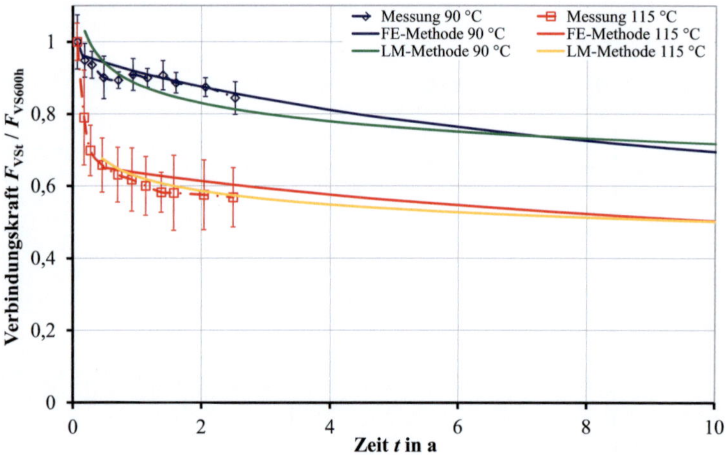


Bild 3-25: Vergleich der berechneten Verbindungskräfte nach der FE-Methode mit den Ergebnissen der Extrapolation nach Larson und Miller (LAIA/0.15)

Beim Extrapolieren sind die gemessenen Verbindungskräfte aus den Langzeitversuchen die einzige anwendungsspezifische Eingangsgröße. Das grundsätzliche Materialverhalten wird nur mit der FEM-Berechnung auf Grundlage der experimentell bestimmten Materialeigenschaften berücksichtigt. Da für die Berechnungen mit dem FEM-Modell sowohl die Materialkenndaten (Elastizitätsmodul, Dehngrenze, Zugfestigkeit) als auch die Zeitstandparameter mit vergleichsweise großem Aufwand bestimmt werden müssen, ist diese Methode nicht immer anwendbar. Der Vorteil der FE-Methode ist allerdings, dass mit den einmal experimentell bestimmten Materialeigenschaften von CuBe2 ähnliche Problemstellungen mit Kontaktlamellen aus dem gleichen Material ohne weitere

Voruntersuchungen gelöst werden können. Im Vergleich dazu sind für die Larson-Miller-Methode in jedem Fall erneut Langzeitversuche von einigen tausend Stunden erforderlich, damit eine Extrapolation für große Zeiten zuverlässig durchgeführt werden kann. Bei sicherheitsrelevanten Anwendungen sind Langzeitversuche über einen Zeitraum von mindestens ein bis drei Jahren notwendig bzw. empfehlenswert.

# 4 Untersuchungen zum Reibverschleiß

Neben dem Kraftabbau (Abschnitt 2.5) ist der Reibverschleiß ein wichtiger Alterungsmechanismus bei Hochstromsteckverbindungen. Dieser entsteht durch Versatzbewegungen zwischen den Kontaktpartnern, z. B. durch wechselstrominduzierte magnetische Felder, unterschiedliche thermische Ausdehnungskoeffizienten oder Zug- bzw. Druckkräfte, die von außen auf die Steckverbindung wirken. Die Untersuchungen zum Reibverschleiß im Rahmen dieser Arbeit wurden exemplarisch mit Hochstrom-Steckverbindern mit einer Kontaktlamelle des Typs LAIA durchgeführt.

## 4.1 Gegenstand der Untersuchungen

Die untersuchten Hochstromsteckverbinder bestehen aus einem Messingstecker und einer Messingbuchse, die beide mit Silber beschichtet sind (Bild 4-1). Die mechanische und elektrische Verbindung zwischen Buchse und Stecker wird durch eine Kontaktlamelle vom Typ LAIA/8/0.15[15)] hergestellt. Diese besteht aus Kupfer-Beryllium (CuBe2) und ist ebenfalls silberbeschichtet (Abschnitt 2.1.2.2). Die Kontaktlamellen sind in einer Nut in der Buchse eingelassen, so dass nur minimale Relativbewegungen zwischen Buchse und Kontaktlamelle möglich sind. Beim Einbau der Kontaktlamelle in die Buchse ergeben sich elf Kontaktlamellenstege, die gleichmäßig auf den Umfang verteilt sind.

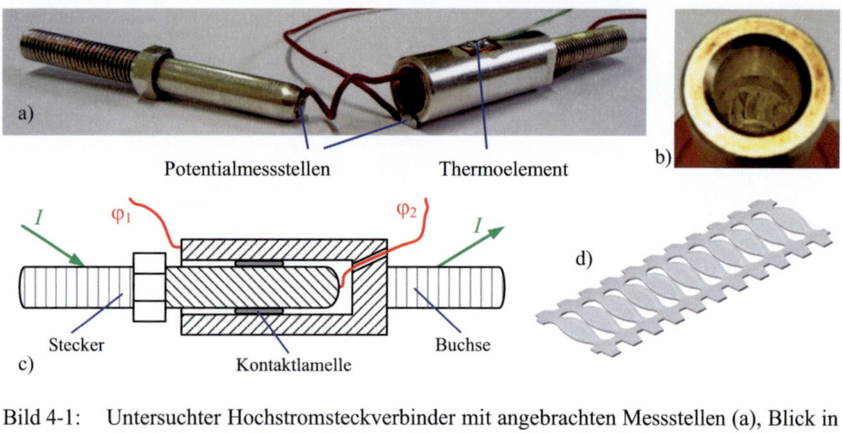


Bild 4-1: Untersuchter Hochstromsteckverbinder mit angebrachten Messstellen (a), Blick in die Buchse des Steckverbinders (b), schematische Darstellung zum Messprinzip des Verbindungswiderstands mit Steckverbinder im Teilschnitt (c), eingesetzte Kontaktlamelle LAIA/0.15 (d)

[15)] Der Zusatz /8/ gibt an, dass die Kontaktlamelle im weichen Zustand gebogen und danach gehärtet wurde

Die Verbindungskraft wird durch die Federwirkung der Kontaktlamellen erzeugt (Drehfederprinzip, Abschnitt 2.1.2.2), [47], [48]. Um ein kontinuierliches Messen des Verbindungswiderstands während der Versatzbewegungen zu ermöglichen, sind an Buchse und Stecker jeweils an den stromlosen Enden Potentialmessstellen befestigt (Bild 4-1 c). Die Spannung über der Steckverbindung wird deshalb so gemessen, um möglichst wenig Materialwiderstand mit zu erfassen und damit Inhomogenitäten im elektrischen Strömungsfeld die Messung nicht wesentlich beeinflussen. Die Verbindungstemperatur wird mit einem Thermoelement gemessen, das auf die Buchse in Höhe der eingebrachten Kontaktlamelle thermisch gut leitend befestigt ist (Bild 4-1 a).

## 4.2 Versuchsaufbau

Für die Untersuchungen zum Reibverschleiß mit Hochstrom-Steckverbindern wurde eigens eine Versuchsanordnung entwickelt und aufgebaut, mit der definierte Versatzbewegungen vom µm- bis in den mm-Bereich möglich sind (Bild 4-2 bis Bild 4-4), [44].

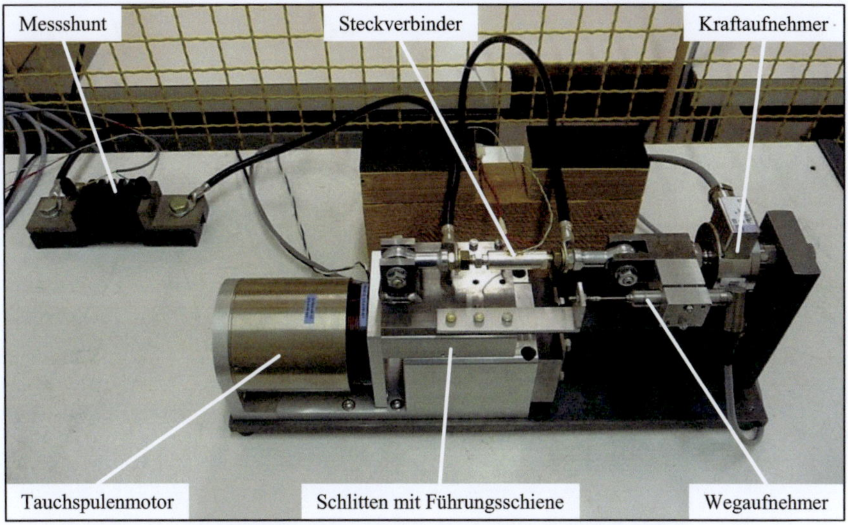


Bild 4-2: Tribometer für die Untersuchungen zum Reibverschleiß

Hauptbestandteil dieser Versuchsanordnung ist ein Tribometer (Bild 4-2, Bild 4-3), das mit einem geregelten Tauchspulenmotor realisiert ist, der mit einem durch eine lineare Führungsschiene reibungsarm gelagerten Schlitten verbunden ist. Mit dem gewählten

Antrieb[16] sind, abhängig von der zu beschleunigenden Masse, Geschwindigkeiten bis zu 3 m/s, Beschleunigungen bis zu 250 m/s$^2$ und Frequenzen bis zu 1 kHz möglich. Die Führungsschiene enthält einen Linear-Encoder mit einer Wegauflösung von 1 µm, der für die Positionsregelung des Antriebs verwendet wird. Der Tauchspulmotor ist im Prinzip ein bürstenloser Synchronmotor mit Permanentmagneten im Kern und einer außenliegenden massearmen Spule. Da Kern und Spule mechanisch nicht miteinander verbunden sind, ist die innere Reibung des Motors vernachlässigbar. Dadurch wird, neben einem geringen Verschleiß, ein sehr schnelles Ansprechverhalten und eine hohe Beschleunigung erreicht.

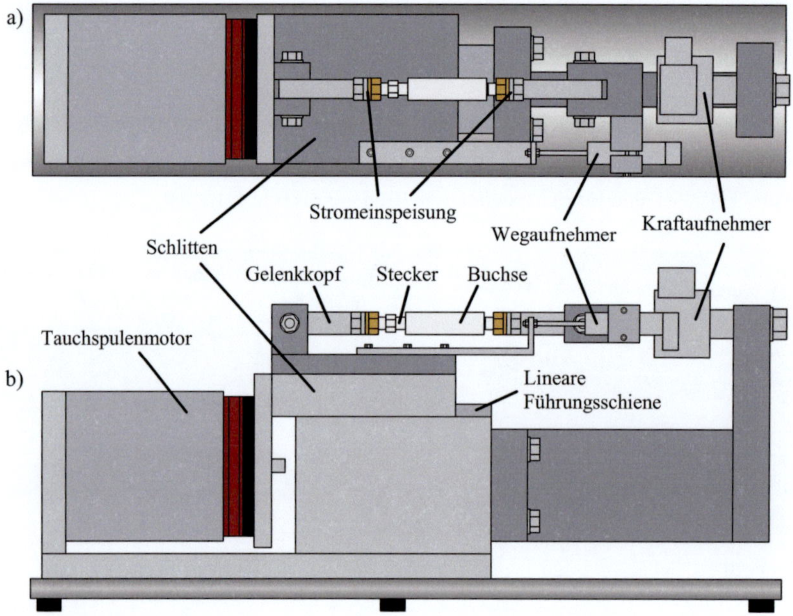


Bild 4-3: Schematische Darstellung des Tribometers für die Untersuchungen zum Reibverschleiß: a) Draufsicht; b) Seitenansicht (vgl. Bild 4-2)

Über einen digitalen Regler[17] mit einer Strom-, Geschwindigkeits- und Positionsregelung werden die Randbedingungen des gewünschten Bewegungsprofils vorgegeben. Die Programmieroberfläche des Reglers ist angelehnt an die Funktionalität von Microsoft Visual Studio.

---

16) A-Drive Technology GmbH, Typ MGV 84-10-1,0

17) Elmo Motion Control GmbH, Typ CEL-10/60

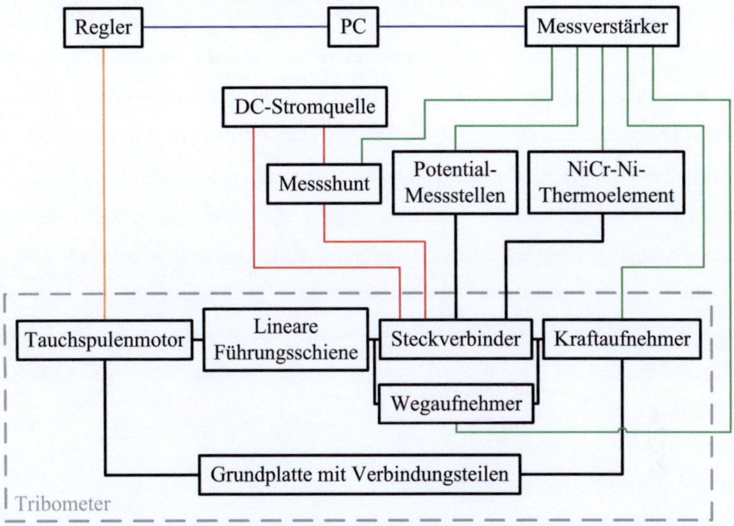


Bild 4-4: Schematische Darstellung der Versuchsanordnung zum Reibverschleiß

Hinsichtlich der programmierbaren Weg-Zeit-Funktionen bieten sich eine Vielzahl von Möglichkeiten. Neben den sinusförmigen (oszillierenden) Bewegungen, die für diese Arbeit als Schwerpunkt gewählt wurden, können grundsätzlich auch beliebige andere Bewegungsformen programmiert werden. Wie genau der Antrieb und damit das zu untersuchende Prüfobjekt diesen Vorgaben folgt, hängt von den Parametern der Regelstrecke ab, hauptsächlich von der zu bewegenden Masse. So lässt sich beispielsweise ein leichtes Überschwingen bei steilen Weg-Zeit-Funktionen nicht vermeiden, zumal die Kontaktlamelle im Steckverbinder als Federelement eine weitere Störgröße für den Antrieb ist.

Die Relativbewegung zwischen Stecker und Buchse des untersuchten Rundsteckverbinders wurde mit einem induktiven Wegaufnehmer[18)] gemessen (Bild 4-2 bis Bild 4-4). Dies ist notwendig, da ein von der Reibkraft zwischen den Kontaktpartnern abhängiger Anteil der vom Antrieb erzeugten Versatzbewegung im Kraftaufnehmer und dem Rahmen der Versuchsanordnung in elastische Verformung umgesetzt wird. Der Kraftaufnehmer[19)] erfasst die Schiebekraft mit Dehnmessstreifen (DMS), die zu einer Vollbrücke verschaltet sind. Der zu untersuchende Steckverbinder wird über Gelenkköpfe mit dem Tribometer verbunden, um radiale Verspannungen zwischen Stecker und Buchse zu minimieren. Zwischen dem

---

18) Hottinger Baldwin Messtechnik GmbH (HBM), Typ WA/2MM-L (Tauchankerausführung, $s_{max} = 2$ mm)

19) HBM, Typ U2B ($F_{max} = 1$ kN)

Innenring und der Laufschale der Gelenkköpfe ist eine dünne Schicht aus PTFE eingebracht, die neben einem kleinen Reibwert auch eine elektrische Isolierung bewirkt. Die Gelenkköpfe sind für hohe axiale und radiale Wechselbelastungen ausgelegt. In den Steckverbinder wird durch eine geregelte Stromquelle ein elektrischer Gleichstrom von 130 A (Nennstrom der Steckverbindung) eingespeist und mit einem Messshunt ($R_{Sh}$ = 200 μΩ) erfasst. Die zu messenden Größen (Schiebekraft, Versatzbewegung, Belastungsstrom, Spannungsfall über dem Steckverbinder, Temperatur am Steckverbinder, Umgebungstemperatur) werden von einem digitalen Messverstärker[20)] verarbeitet und mit der Software catman®Easy aufgezeichnet. Dies wurde sowohl im Ruhezustand als auch während der Bewegung nach einer frequenzabhängigen Anzahl von Versatzzyklen für das Zeitintervall von einer Sekunde durchgeführt.

## 4.3 Allgemeine Randbedingungen

In dieser Arbeit wurden zwei ausgewählte Randbedingungen in Bezug auf die Schmierung der Steckverbinder untersucht. Im Weiteren wird zwischen den Randbedingungen **ungefettet (UZ)** und **gefettet (FZ)** unterschieden. Beim FZ wurde auf dem Stecker ein dünner Schmierfilm aus Kontaktfett (Metalon HT1.5) aufgebracht. Der Hersteller empfiehlt für die untersuchten Steckverbinder ausdrücklich das Auftragen eines dünnen Schmiermittelfilms vor dem Einsatz [59]. Vor Beginn der eigentlichen Messungen wurden die Steckverbinder mit einer Anzahl von 20 Zyklen um den anfänglich definierten Positionsnullpunkt mit einem Verfahrweg von ± 500 μm und einer Bewegungsgeschwindigkeit von 1 mm/s konditioniert. Im Anschluss daran wurde der Belastungsstrom von 130 A DC (Bemessungsstrom des Steckverbinders [59]) eingeschaltet und der Steckverbinder so auf eine Betriebstemperatur von ca. 65 °C erwärmt. Nach der Erwärmungsphase wurde der Stecker zunächst zum definierten Positionsnullpunkt verfahren, da die erwärmungsbedingten thermischen Dehnungen des Steckverbinders und der Versuchsanordnung zum Verschieben der Kontaktbereiche zwischen Kontaktlamelle und Stecker führten. Im Anschluss daran wurden die Versatzbewegungen entsprechend dem programmierten zeitlichen Verlauf im digitalen Regler zeitgleich mit der Messwertaufzeichnung gestartet.

---

[20)] HBM, Typ QuantumX MX840

## 4.4 Oszillierende Versatzbewegungen mit einer Amplitude von 200 µm und einer Frequenz von 62,5 Hz

In diesem Abschnitt werden ausgewählte Untersuchungsergebnisse für die Randbedingungen UZ und FZ bei einer sinusförmigen Versatzbewegung beschrieben. Das sinusförmige (oszillierende) Bewegungsprofil hatte eine Amplitude von $A = 200$ µm und eine Frequenz von $f = 62{,}5$ Hz, die einer Periodendauer von $T = 16$ ms entspricht. Die maximale Frequenz ist durch die Messaufnehmer begrenzt; mit dem gewählten Antrieb wären auch höhere Frequenzen möglich (vgl. Abschnitt 4.2).

### 4.4.1 Messergebnisse

Die gemessenen Verbindungswiderstände in Ruhe werden sowohl beim UZ als auch beim FZ kontinuierlich größer (Bild 4-5). Nach DIN EN 61984:2009 (ergänzt durch DIN EN 61984 Berichtigung 1:2012) wäre sogar ein Widerstandsanstieg bis zu einem Wert von $R_V \leq 5$ mΩ zulässig. Beim untersuchten Steckverbinder mit gemessenen Verbindungswiderständen im Neuzustand im Bereich von $R_V = 30$ µΩ ist dieser Wert deutlich größer als der ebenfalls als mögliches Kriterium angegebene Widerstandsanstieg um 50 %. Der höhere Wert wird in der DIN EN 61984:2009 als zulässig angesehen. Allerdings ist diese Norm durch die DIN EN 61984 Berichtigung 1:2012 nur noch für Steckverbinder mit einem Bemessungsstrom bis zu 125 A bindend. Für Steckverbinder mit größeren Bemessungsströmen darf diese Norm aber als Leitfaden angewendet werden. Der zulässige Grenzwert nach DIN EN 61984:2009 von $R_V \leq 5$ mΩ sollte auf den hier untersuchten Steckverbinder nicht angewendet werden, da die gemessenen Verbindungswiderstände im Neuzustand im Bereich von $R_V = 30$ µΩ lagen. Daraus ergibt sich, dass bei einem gealterten Steckverbinder bei einem Bemessungsstrom von 130 A und einem Verbindungswiderstand im Milliohm-Bereich so große Verlustleistungen umgesetzt werden, dass ein langzeitstabiler Betrieb nicht möglich ist.

Es können Unterschiede zwischen den beiden Randbedingungen UZ und FZ im Anstieg der Verbindungswiderstände festgestellt werden. Beim FZ zeigen sich zu Beginn der Reibbelastung praktisch keine Sprünge im Verbindungswiderstand. Der Schmierfilm ist noch intakt, und es kommt nur zu einem mäßigen Verschleiß, da die Adhäsion durch das Kontaktfett deutlich reduziert wird. Erst wenn sich eine bestimmte Menge an Abriebpartikeln gebildet hat, erfolgt der Kontakt zwischen den Kontaktlamellenstegen und dem Stecker während der Bewegung über eine Zwischenschicht aus abgeriebenen Partikeln, die sich je nach Lage und Menge unterschiedlich auf den Verbindungswiderstand auswirken können. Dazu kommt, dass während der Bewegung die durch die Kontaktlamellenstege erzeugte Normalkraft nicht kontinuierlich wirken kann, sondern sich mit der Bewegung ändert (s. a. Bild 4-7 und Bild 4-8). Dies kommt dadurch zustande, dass die von außen eingeprägte Bewegungsenergie zunächst in eine elastische Verformung der Kontaktlamellenstege umgesetzt wird und erst bei Überschreiten einer Mindestkraft tangential zu den Kontaktoberflächen (s. a. Abschnitt 4.5) die Kontaktbereiche aufbrechen (s. g. Stick-Slip-Effekt, s. a. Abschnitte 2.1.2.1 und 2.5.3). Durch die diskontinuierlichen Bewegungen können abgeriebene Partikel nicht zuverlässig aus dem Kontaktbereich verdrängt werden, zumal das Kontaktfett die Partikel auf den Kontaktflächen bindet. In diesem Verschleißbereich können teils sprunghafte Änderungen im Verbindungswiderstand festgestellt werden, die sich beim UZ schon früher zeigen (Bild 4-5).

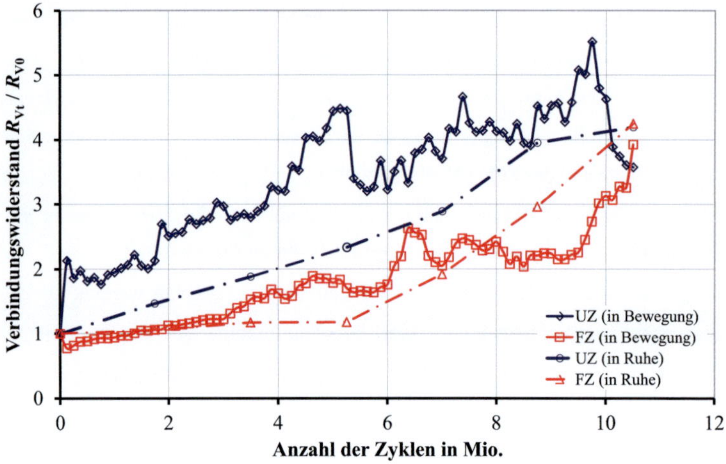


Bild 4-5: Verbindungswiderstände in Ruhe und mittlere Verbindungswiderstände während der Bewegung

Beim UZ kommt es aufgrund des fehlenden Schmierfilms schon von Beginn an zu einem signifikanten Verschleiß der versilberten Kontaktflächen, insbesondere der Kontaktbereiche auf dem Stecker. Der Schmierfilm hat die Aufgabe, den Verschleißmechanismus der Adhäsion zu unterdrücken; fehlt ein solcher Schmierfilm, sind die Adhäsionskräfte zwischen den reinen Silberoberflächen so groß, dass sehr große Verschleißraten der Beschichtungen erreicht werden (s. a. Abschnitt 2.5.2). Während unmittelbar nach Beginn der Reibbelastungen die mittleren Schiebekräfte beider Randbedingungen vergleichbar sind, lassen sich mit zunehmender Anzahl von Versatzzyklen deutliche Unterschiede feststellen (Bild 4-6). Durch das Schmieren des Steckers beim FZ nimmt die mittlere Schiebekraft mit größerer Zyklenzahl zunächst ab, bis schließlich ein stabiler Wert im Bereich von 40 % der Anfangsschiebekraft erreicht ist (Bild 4-6, Bild 4-8).

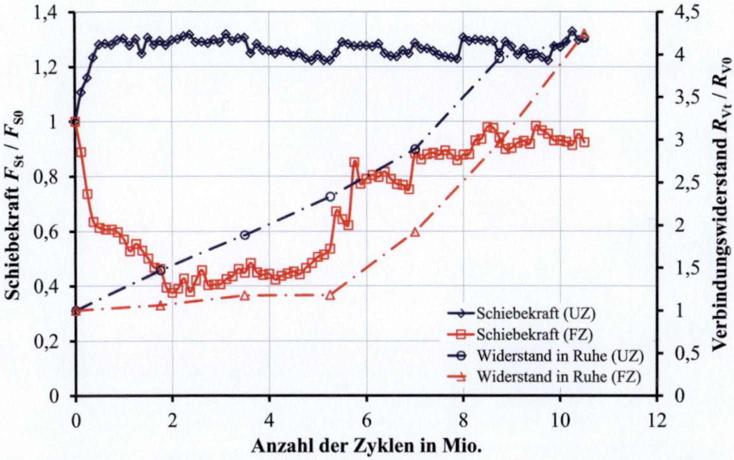


Bild 4-6: Mittlere Schiebekräfte während der Bewegung und Verbindungswiderstände in Ruhe

Es kann davon ausgegangen werden, dass beim UZ schon nach wenigen tausend Versatzzyklen die Oberflächenbeschichtungen in den Kontaktbereichen durchgerieben wurden. Dies zeigt sich in dem starken Anstieg des Verbindungswiderstands nach dem Beginn der Reibbelastung im Vergleich zum FZ (Bild 4-5). In verschiedenen Normen (z. B. DIN EN 61984:2009) werden partiell zerstörte Oberflächenbeschichtung bereits als Ausfallkriterium gewertet, unabhängig davon, ob der Beschichtungsverschleiß tatsächlich einen signifikanten Einfluss auf den Verbindungswiderstand hat.

Der anfängliche Anstieg der Schiebekraft beim UZ kann als repräsentativ für ungefettete Verbindungen angesehen werden. Zu Beginn hängt der Reibwert im Wesentlichen von der Scherfestigkeit der Verunreinigungen auf den Verbindungsflächen ab und kann in erster Näherung als materialunabhängig angesehen werden. Im Laufe der ersten Versatzzyklen werden die Verunreinigungen von den Oberflächen entfernt, und die Adhäsion nimmt durch die größere Anzahl rein metallischer Kontaktbereiche zu. Damit wird der Reibwert kontinuierlich größer, zumal auch der Anteil plastisch verformter Kontaktbereiche sowie die Anzahl eingebetteter Partikel zunehmen. Dies setzt sich solange fort, bis der Reibwert ein

Maximum erreicht hat. Im Anschluss daran kann der Reibwert durch das Bilden von tribochemischen Oberflächenschichten sowie durch abnehmende Wechselwirkungen zwischen den mit der Reibbelastung abgeriebenen Rauheitshügeln wieder leicht abnehmen (Bild 4-6), [27]. Ist das Gleichgewicht der tribologischen Prozesse im Verbindungsbereich erreicht, bleibt der Reibwert weitestgehend konstant, es sei denn, es kommt beispielsweise zum Durchreiben einer Oberflächenbeschichtung und damit zu einem veränderten tribologischen System.

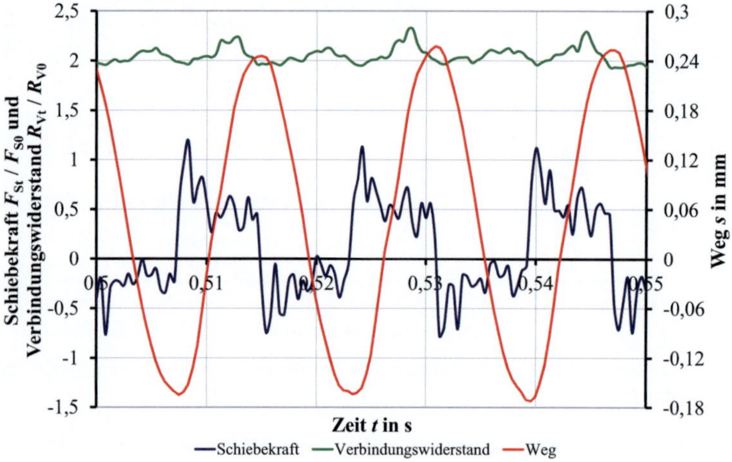


Bild 4-7: Zeitverläufe von Schiebekraft, Verbindungswiderstand und Relativbewegung nach 4 Mio. Versatzzyklen (FZ, Zeitfenster 50 ms)

Beim FZ wurde die Beschichtung erst nach ungefähr 5,5 Mio. Zyklen durchgerieben (Bild 4-5 und Bild 4-6). Nach Abtrag der Silberschicht auf dem Stecker reibt das mechanisch härtere Messing des Steckers auf der Silberbeschichtung der Kontaktlamellenstege. Ist die Silberschicht der Kontaktlamellenstege abgetragen, so entsteht die Reibpaarung Messing-CuBe2 (Stecker-Kontaktlamelle). Wenn auf einem der Kontaktpartner die Silberbeschichtung abgetragen ist, nimmt der Verschleiß stark zu, da die Unterschiede in der mechanischen Härte zwischen den dann relevanten Kontaktpartnern zunehmen, was wiederum zu verstärktem abrasiven Verschleiß führen kann (Abschnitt 4.4.2).

Während der weiteren Reibbelastung tragen die Kontaktlamellenstege immer mehr Material im Kontaktbereich des Steckers ab; es kommt zur deutlich sichtbaren Furchenbildung (Abschnitt 4.4.2). Mit dem Einreiben der Kontaktlamellenstege nimmt die Verbindungskraft ab, was separat betrachtet zu einem größeren Verbindungswiderstand führt (Abschnitt 4.4.3).

Da aber die Kontaktlamellenstege aufgrund ihrer Formgebung zu Beginn der Versatzzyklen nur mit einem kleinen Teil ihrer Oberfläche in Kontakt mit dem Stecker sind, vergrößert sich die Kontaktfläche mit fortschreitender Einreibtiefe. Dadurch erhöht sich die Anzahl der Mikrokontakte zunächst, bis durch das tiefere Einreiben die Verbindungskraft soweit abgenommen hat, dass die Kontaktkraft der Kontaktlamellenstege nicht mehr ausreicht, um einen stabilen Verbindungswiderstand zu gewährleisten.

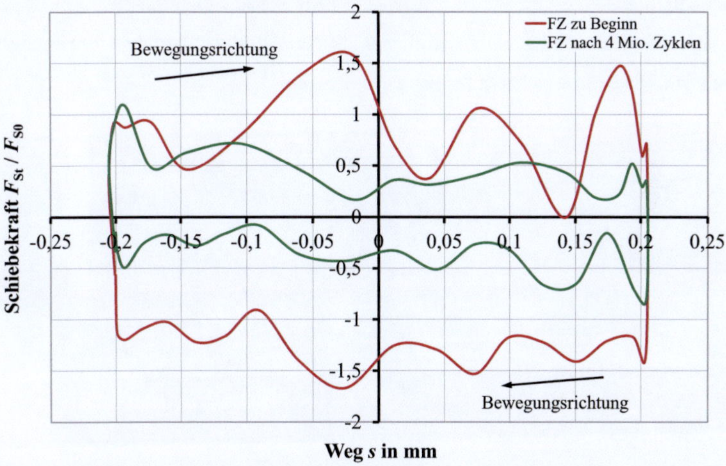


Bild 4-8: Vergleich der Schiebekraft-Weg-Kennlinien zu Beginn und nach 4 Mio. Versatzzyklen beim FZ (vgl. Bild 2-12)

Die gemessenen Schiebekräfte während der Bewegung deuten auf ein unterschiedliches Verschleißverhalten von UZ und FZ hin (Bild 4-6). Während es beim UZ schon relativ zeitig zu einem deutlichen Anstieg der Schiebekraft kommt, gleichbedeutend mit dem Durchreiben des Beschichtungsmaterials, ist beim FZ zunächst eine Abnahme der Schiebekraft und erst wesentlich später ein Kraftanstieg und damit das Durchreiben der Beschichtung festzustellen. Anfänglich wird beim FZ das auf den Stecker aufgetragene Kontaktfett im Verbindungbereich verteilt (Abnahme der Schiebekraft), im Anschluss daran stellt sich zunächst eine konstant niedrige Kraft ein, ehe auch hier der Verschleiß soweit fortgeschritten ist, dass es zu einem deutlichen Kraftanstieg kommt. Allerdings werden beim FZ die hohen Schiebekräfte des UZ nicht erreicht, da die Reste des Schmierstoffs in Verbindung mit den abgeriebenen Partikeln einen vergleichsweise niedrigen Reibwert ergeben.

### 4.4.2 Verschleißbild

Nach einer Reibbelastung von 10,5 Mio. Zyklen wurden die im vorherigen Abschnitt beschriebenen Versuche abgebrochen und die Kontaktpartner mikroskopisch untersucht. Während sich beim FZ am Stecker ein anhaftender Belag aus Kontaktfett und Abriebpartikeln gebildet hatte (Bild 4-9), war beim UZ überwiegend feiner und trockener Abrieb feststellbar. Wie bereits erwähnt, kam es bei beiden Steckern zur Furchenbildung, die am Umfang unterschiedlich stark ausgeprägt war. Auch die dem Stecker zugewandten Kontaktbereiche der Kontaktlamelle zeigten einen deutlichen Materialabtrag, allerdings erwartungsgemäß nicht so stark wie beim weicheren Messing des Steckers.

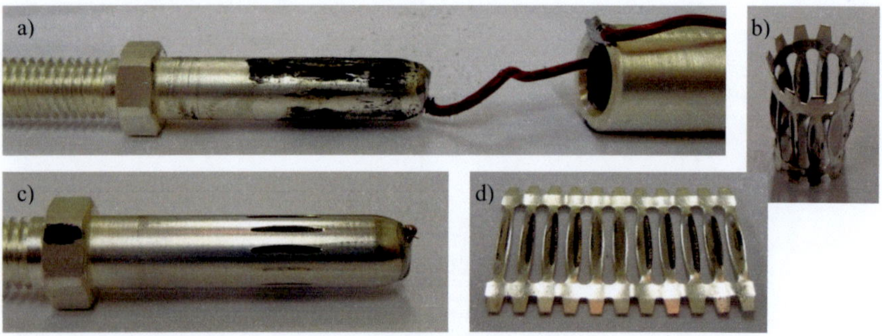


Bild 4-9: Verschleißbild des FZ nach 10,5 Mio. Versatzzyklen
a) direkt nach dem Trennen; b) Kontaktlamelle nach Ausbau c) Stecker gereinigt; d) Kontaktlamelle gereinigt und abgerollt

Wie bereits angedeutet, lassen die unterschiedlichen Verläufe der gemessenen Schiebekräfte den Schluss zu, dass bei den in diesem Abschnitt betrachteten Randbedingungen unterschiedliche Verschleißmechanismen dominiert haben. Um diese Vermutung zu bestätigen, wurden die Kontaktbereiche der Steckverbinder mit einem optischen 3D-Mikroskop untersucht. Dabei zeigten sich signifikante Unterschiede in der verschleißbedingten Oberflächenstruktur, wie in Bild 4-10 am Beispiel jeweils eines Kontaktlamellensteges erkennbar ist.

Beim UZ sind im mittleren Bereich, also dort wo die Stege mit maximaler Kraft auf den Stecker wirken, keine abrasionsbedingten Kratzspuren zu erkennen (Bild 4-10 b). Dagegen sind in den Randbereichen, also dort wo die Kontaktlamellenstege erst bei fortgeschrittenem Verschleiß auf dem Stecker aufliegen, deutliche Abrasionsspuren erkennbar. Das hängt damit zusammen, dass an diesen Stellen der Anpressdruck sehr gering ist und sich somit einzelne Abriebpartikel in diesem Kontaktbereich sammeln können, die bei größeren Kräften aus diesen Bereichen wieder herausgedrückt werden. Hinzu kommt, dass in den Randbereichen der Kontaktlamellenstege der Gleitweg während der Verschleißzyklen deutlich kleiner als im Mittenbereich ist. Da der Kontaktdruck zur Stegmitte hin zunimmt, ist es den Abriebpartikeln nicht möglich, sich längerfristig in die zentralen Kontaktbereiche zwischen Kontaktlamellensteg und Stecker zu schieben.

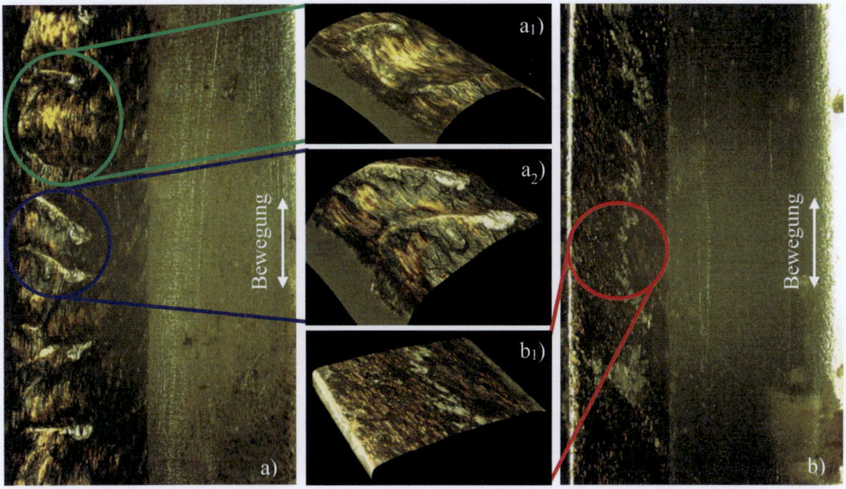


Bild 4-10: Verschleißbild zweier ausgewählter Stege der Kontaktlamelle nach 10,5 Mio. Zyklen: a) FZ; b) UZ

Im Gegensatz zum UZ sind beim FZ die Riefen am Stecker und auch die Beschädigungen an den Kontaktlamellenstegen nicht an allen Stellen gleich tief, sondern weisen, besonders im mittleren Bereich, eine stark wellige Struktur auf (Bild 4-10 a). Die wellenförmige Struktur spricht für eine Form der Drei-Körper-Abrasion. Nach der bisher bekannten Theorie zum Reibverschleiß bei elektrischen Verbindungen tritt dieses Phänomen eigentlich nur bei kleinen Amplituden auf (< 100 µm), da sonst die zum abrasiven Verschleiß benötigten Partikel durch die vergleichsweise großen Relativbewegungen aus dem Reibbereich entfernt werden (Abschnitt 2.5). In diesem Fall führt das verwendete Kontaktfett dazu, dass diese Partikel im Reibbereich gebunden und nur in den Randbereichen teilweise herausgedrückt werden können (Bild 4-10 a). Die ausgeprägte Beschädigung der Oberflächen spricht dafür, dass härtere Partikel als das Kupfer-Beryllium der Kontaktlamellenstege am Gleitverschleiß beteiligt waren. Das deutlich weichere Messing des Steckers kann diese Beschädigungen nicht verursacht haben. Es spricht also vieles dafür, dass die an der Endphase Drei-Körper-Abrasion beteiligten Abriebpartikel zum einen kaltverfestigtes Messing und Kupferberyllium aber möglicherweise auch mechanisch harte Oxidpartikel, wie beispielsweise Kupferoxid, enthalten haben müssen. Während der Versatzbewegungen konnten die wenig beschädigten Randbereiche der Mulden beim FZ (Bild 4-10 a) direkte metallische Kontakte ohne dazwischen befindliche Abriebpartikel bilden. Dadurch war der Verbindungswiderstand beim FZ, trotz des höheren Oberflächenverschleißes, praktisch bis zum Ende der Versuche, wo die Verbindungswiderstände nicht mehr stabil waren, kleiner als beim UZ.

### 4.4.3 Abnahme der Verbindungskraft durch Reibverschleiß

Die Messergebnisse aus Abschnitt 4.4.1 haben gezeigt, dass die Verbindungswiderstände der untersuchten Hochstrom-Steckverbinder mit der Reibbelastung größer werden. Die Widerstandserhöhung ist auf Fremdschichten, Oberflächenverschleiß und die Abnahme der Verbindungskraft durch die Furchenbildung in den Kontaktbereichen der Kontaktlamellenstege auf dem Stecker zurückzuführen (Abschnitt 4.4.2).

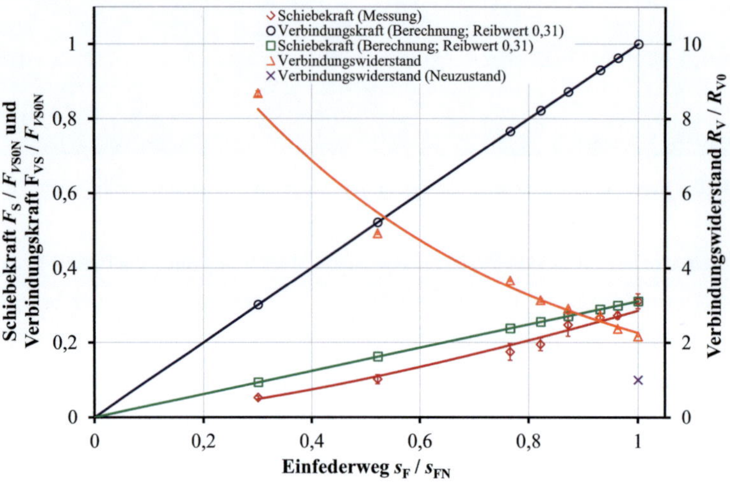


Bild 4-11: Schiebe-, Verbindungskraft und Verbindungswiderstand abhängig vom Einfederweg (Stecker und Kontaktlamelle unbeschichtet)

Um den Einfluss der möglichen Ursachen besser abschätzen zu können, wurde die Abnahme der Verbindungskraft durch das Einreiben der Kontaktlamellenstege in das Steckermaterial und der damit verbundenen Widerstandserhöhung separat untersucht. Wenn es während des Reibverschleißes zu einem Einreiben der CuBe2-Kontaktlamellenstege in das Messing des Steckers kommt, sind die Oberflächenbeschichtungen bereits durchgerieben. Mit dem Einreiben wird der wirksame Spalt für die Kontaktlamelle größer und damit der Einfederweg kleiner. Um diese Zusammenhänge experimentell untersuchen zu können, wurden unbeschichtete Messingstecker mit verschiedenen Durchmessern angefertigt, die den mittleren Verlust des Federwegs nachbilden. Gemessen wurden die Schiebekraft und der Verbindungswiderstand analog zu Abschnitt 4.1 mit einer unbeschichteten CuBe2-Kontaktlamelle und ohne Kontaktfett (Bild 4-11).

Den Messergebnissen zufolge wird der Verbindungswiderstand nach dem Durchreiben der Oberflächenbeschichtungen um den Faktor 2,2 größer (vgl. Bild 4-11); dies ist vergleichbar mit den Ergebnissen in Abschnitt 4.4.1. Mit stärkerem Einreiben der Kontaktlamellenstege in das Steckermaterial, nachgebildet durch einen Stecker mit kleinerem Durchmesser, nimmt die gemessene Schiebekraft ab und der Verbindungswiderstand zu (Bild 4-11). Aus der berechneten Verbindungskraft mit dem verifizierten FEM-Modell nach Abschnitt 3.3.2 für den mittleren Spalt und der bei gleichem Spaltmaß gemessenen Schiebekraft ergibt sich ein Reibwert für die Paarung Messing/CuBe2 von $\mu_r = 0{,}31$. Mit der Annahme eines konstanten Reibwerts kann so die Schiebekraft abhängig vom Einfederweg berechnet werden (Bild 4-11). Zwar ist eine Differenz zwischen gemessenen und berechneten Schiebekräften erkennbar, aber prinzipiell liefert das Berechnungsmodell nach der FE-Methode auch hier gute Ergebnisse. Für den Neuzustand, also einem Steckverbinder mit versilberten Oberflächen, wurde durch Vergleich der gemessenen Schiebekraft mit der FEM-Berechnung ein Reibwert von $\mu_r = 0{,}35$ ermittelt, der bereits als mittlerer Wert für die Berechnungen in Abschnitt 3 angenommen wurde.

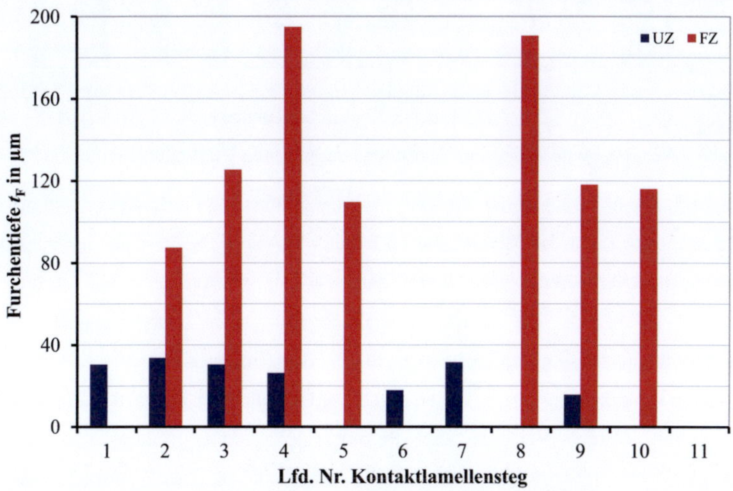


Bild 4-12: Gemessene Furchentiefen am Stecker nach 10,5 Mio Zyklen

Um den Bezug zu den in Abschnitt 4.4.1 gemessenen Verbindungswiderständen herstellen zu können, wurden die Furchentiefen am Umfang der Stecker mit einem optischen 3D-Mikroskop gemessen (Bild 4-12). Mit dem Zusammenhang zwischen Einfederweg und Verbindungswiderstand (Bild 4-11) kann dann zunächst für jeden Steg separat und anschließend über die Parallelschaltung der 11 Stege des Rundsteckverbinders der resultierende Verbindungswiderstand näherungsweise berechnet werden (Bild 4-13). Die durch das Einreiben der Kontaktlamellenstege in das Steckermaterial am Versuchsende im Ruhezustand bedingten Verbindungswiderstände betragen nach dieser rechnerischen Abschätzung 191 % des Ausgangszustands beim FZ und 164 % beim UZ. Im Vergleich mit den Endwerten im Ruhezustand aus Abschnitt 4.4.1 ergibt sich für beide untersuchten Randbedingungen UZ und FZ der gleiche Fremdschicht- und Verschleißanteil von 68 μΩ.

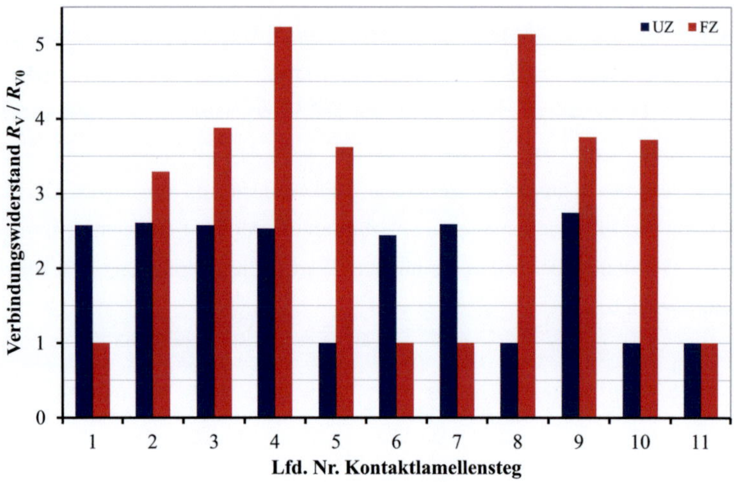


Bild 4-13: Aus den gemessenen Furchentiefen resultierende Verbindungswiderstände

Die starke Furchenbildung an den Steckern hat dazu geführt, dass sich allein durch die daraus resultierende Abnahme der Verbindungskraft der elektrische Widerstand der untersuchten Hochstrom-Steckverbinder vergrößert hat. Hinzu kommen die Anteile am Verbindungswiderstand, die durch Fremdschichten und Beschädigungen an den Kontaktoberflächen hervorgerufen werden. In den Betrachtungen dieses Abschnitts wurden die größeren scheinbaren Kontaktflächen durch das Einreiben der Kontaktlamellenstege nicht berücksichtigt. Werden Versuche zum Reibverschleiß vor oder unmittelbar nach dem Durchreiben der Oberflächenbeschichtungen abgebrochen, wie beispielsweise nach

DIN EN 61984:2009 empfohlen, so muss die Abnahme der Verbindungskraft durch Furchenbildung am Stecker nicht berücksichtigt werden.

### 4.4.4 Schlussfolgerungen

Bei den Untersuchungen zum Reibverschleiß an Rundsteckverbindern mit sinusförmigen Relativbewegungen und einer Amplitude von 200 µm sowie einer Frequenz von 62,5 Hz hat sich gezeigt, dass beim UZ nur wenige Partikel zwischen den Kontaktflächen eingeschlossen werden, da abrasiver Verschleiß nur im äußeren Randbereich der Kontaktpartner zu erkennen war. Beim FZ war die Schiebekraft der Steckverbindung, verglichen mit der beim UZ, deutlich kleiner. Das auf dem Stecker aufgebrachte Kontaktfett hat die Abriebpartikel gebunden, so dass es im Verlauf der Gleitzyklen zu massivem abrasiven Verschleiß kommen konnte. Bis dahin war beim FZ der Verbindungswiderstand klein und der Verschleiß deutlich geringer als beim UZ. Es muss also festgehalten werden, dass für die technische Anwendung ein Schmieren der Steckverbinder mit Kontaktfett unbedingt notwendig ist; so kann die Anzahl der Reibverschleißzyklen bis zum Durchreiben der Silberbeschichtung, was bereits als Ausfall der Verbindung gewertet werden kann (vgl. DIN EN 61984:2009), deutlich erhöht werden. Der massive Verschleiß der Kontaktflächen (Bild 4-10) in den Untersuchungen dieser Arbeit sollte in der Praxis unbedingt vermieden werden, da der Ausfall der Hochstrom-Steckverbinder dann zeitnah erfolgen kann.

## 4.5 Einfluss von Versatzamplitude und Frequenz auf den Reibverschleiß

Die Ergebnisse aus Abschnitt 4.4 beziehen sich auf die größte untersuchte Frequenz der sinusförmigen Relativbewegungen von $f = 62{,}5$ Hz und eine Versatzamplitude von $A = 200$ µm. Bei diesen Parametern entsteht zwischen Buchse und Stecker des Hochstromsteckverbinders eine mittlere Relativgeschwindigkeit von 49,4 mm/s bei einem Maximalwert von 78,5 mm/s (Bild 4-14).

Zu beachten ist, dass sich die Relativgeschwindigkeit zwischen den Stegen der Kontaktlamelle und dem Stecker sprunghaft ändern kann, da die von außen eingeprägte sinusförmige Versatzbewegung durch die Federwirkung der Kontaktlamellen nicht unmittelbar auf die Kontaktbereiche übertragen wird. Die tatsächliche Relativgeschwindigkeit zwischen den Kontaktlamellenstegen und dem Stecker wurde nicht gemessen und kann daher an dieser Stelle nicht näher betrachtet werden. Es ist aber davon auszugehen, dass die tatsächliche Relativgeschwindigkeit durch die diskontinuierliche Bewegung temporär größer ist, als die von außen eingeprägte Versatzbewegung. Im Weiteren wird aufgrund des fehlenden Nachweises nur die Relativgeschwindigkeit zwischen Stecker und Buchse als Vergleichsgröße herangezogen.

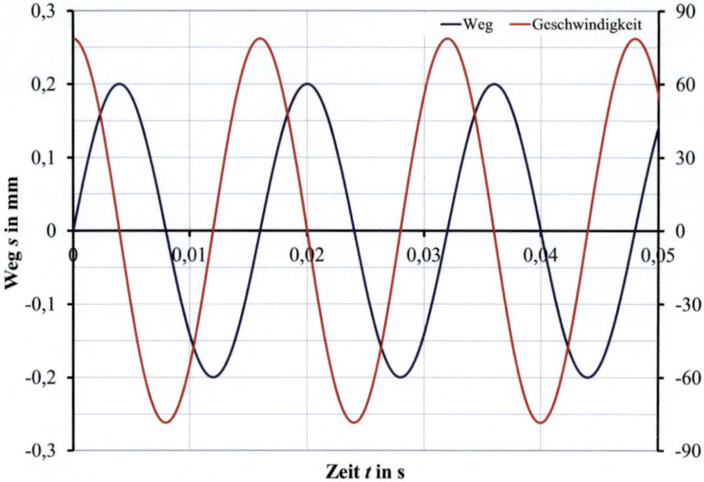


Bild 4-14: Weg und Relativgeschwindigkeit abhängig von der Zeit ($f$ = 62,5 Hz)

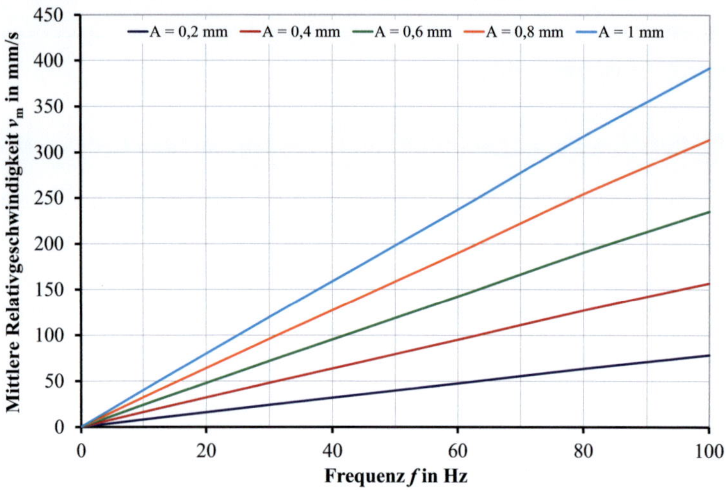


Bild 4-15: Mittlere Relativgeschwindigkeit abhängig von der Frequenz mit der Bewegungsamplitude als Parameter

Es überrascht nicht, dass die mittlere Relativgeschwindigkeit $v_m$ bei gleicher Frequenz mit der Versatzamplitude zunimmt (Bild 4-15). Beispielsweise wird bei einer Frequenz von $f$ = 62,5 Hz und einer Versatzamplitude von $A$ = 400 µm anstelle von $A$ = 200 µm die doppelte mittlere Relativgeschwindigkeit erreicht; damit wird in der gleichen Belastungszeit der doppelte Weg zurückgelegt. In der Folge ist auch das Verschleißvolumen doppelt so groß (Gl. (48)) und der Ausfall des belasteten Steckverbinders nach der halben Zeit zu erwarten, sofern sich der dominierende Verschleißmechanismus und der Reibwert in dem zugrunde liegenden Geschwindigkeitsbereich nicht ändern. Die experimentellen Untersuchungen bei einer Frequenz von $f = 62{,}5$ Hz beim FZ bestätigen diese Aussage. Bei einer Amplitude von $A = 200$ µm ist mit einem Durchreiben der Oberflächenbeschichtung nach im Mittel 4,5 Mio. Versatzzyklen zu rechnen, bei einer Amplitude von $A = 400$ µm ist dies bereits nach im Mittel 2 Mio. Versatzzyklen der Fall.

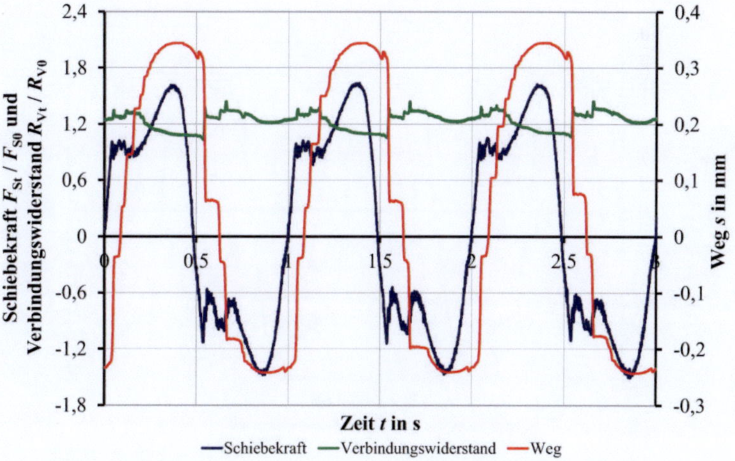


Bild 4-16: Zeitverläufe von Schiebekraft, Verbindungswiderstand und Relativbewegung zu Beginn der Reibbelastung
FZ, Frequenz $f = 1$ Hz; Amplitude $A = 300$ µm; Zeitfenster 3 s

Wird die Frequenz der sinusförmigen Relativbewegungen auf einen Wert von $f = 1$ Hz reduziert, so trifft die Proportionalität zwischen Verschleißvolumen und zurückgelegter Wegstrecke nicht mehr zu. Durch Messungen wurde festgestellt, dass bei dieser vergleichsweise niedrigen Frequenz beim FZ bereits nach (4000 - 6000) Zyklen ein starker Oberflächenverschleiß aufgetreten ist. Dies lässt sich auf zwei Ursachen zurückführen. Bei niedrigen Relativgeschwindigkeiten kommt das Verzahnen der aneinander reibenden Oberflächen und damit der mechanische Abrieb stärker zum Tragen. Zudem ist durch die längeren Ruhephasen während der ruckartigen Bewegung der Kontaktlamellenstege der adhäsionsbedingte Verschleiß deutlich größer als bei höheren Frequenzen. Diese Erklärung wird durch die um Faktor 2 größere Anfangsschiebekraft bei einer Frequenz von $f = 1$ Hz gegenüber einer Frequenz von $f = 62{,}5$ Hz bestätigt.

Zu Beginn der Reibbelastung bei einer Frequenz von $f = 1$ Hz und FZ weisen die Oberflächen der Kontaktpartner eine gewisse Grundrauheit auf, die das o. g. Verzahnen der Oberflächen entsprechend verstärkt (vgl. Bild 4-16 und Bild 4-17). Bereits nach 2000 Versatzzyklen sind die Kontaktoberflächen soweit eingeebnet, dass die Kontaktlamellenstege praktisch homogen auf dem Stecker gleiten können (Bild 4-17). Dies wurde bei höheren Frequenzen nicht festgestellt (s. a. Abschnitt 4.4.1).

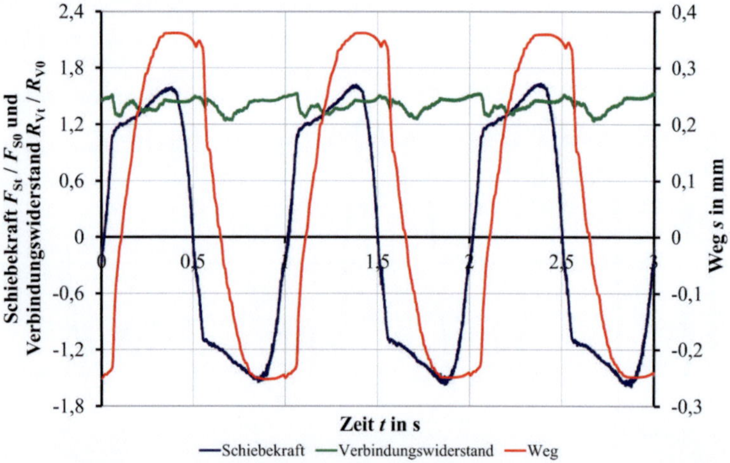


Bild 4-17: Zeitverläufe von Schiebekraft, Verbindungswiderstand und Relativbewegung nach 2000 Versatzzyklen (vgl. Bild 4-16)
FZ, Frequenz $f = 1$ Hz; Amplitude $A = 300$ µm; Zeitfenster 3 s

Die Ergebnisse der Untersuchungen mit oszillierenden Relativbewegungen und einer Frequenz von $f = 62{,}5$ Hz bei einer Amplitude von $A = 200$ µm haben gezeigt, dass der Verschleiß und damit auch der Verbindungswiderstand nach einigen Millionen Zyklen stark zunehmen kann (Abschnitt 4.4). Bei Untersuchungen mit kleineren Versatzamplituden konnte festgestellt werden, dass es bei $A \leq 100$ µm vorkommen kann, dass keine signifikante Relativbewegung in den Kontaktbereichen auftritt. In diesem Amplitudenbereich wird die von außen eingeprägte Versatzbewegung durch die Federwirkung der Kontaktlamellen mindestens teilweise aufgenommen. Es ist also eine bestimmte Mindestkraft notwendig, um die Adhäsionskräfte zwischen den Kontaktlamellenstegen und dem Stecker sowie die federnde Wirkung der Kontaktlamelle zu überwinden. Wie groß diese Mindestkraft ist, hängt stark vom Reibwert zwischen den Kontaktpartner ab.

Ab einer bestimmten Versatzamplitude setzt eine Rollbewegung der Kontaktlamellenstege ein, die aber, gegenüber dem bei A > 100 µm dominierenden Gleiten, nur einen geringen Verschleiß der Kontaktpartner nach sich zieht. Sind beim Reibverschleiß die Rollbewegungen dominant, so ist dies anhand der Verschleißspuren an Stecker und Kontaktlamelle gut zu erkennen (s. a. Bild 4-19). Es sind keine gerichteten Verschleißspuren erkennbar, wie sie für Gleitbewegungen typisch sind. Demnach werden die Kontaktflächen während der Rollbewegungen überwiegend durch mechanische Wechselbelastungen in Normalrichtung beansprucht und kaum Material abgetragen. Dies wurde durch Untersuchungen (FZ) mit einer Versatzamplitude von $A = 60$ µm und einer Frequenz von $f = 62{,}5$ Hz bestätigt (Bild 4-19, Bild 4-18). Es konnten bei diesen Randbedingungen kein kritischer Verschleiß und keine signifikant größeren Verbindungswiderstände festgestellt werden. Erfahrungen aus dem praktischen Einsatz von Kontaktlamellen in Durchführungen von Leistungstransformatoren bei ähnlichen Belastungen bestätigen diese Ergebnisse [64], [65].

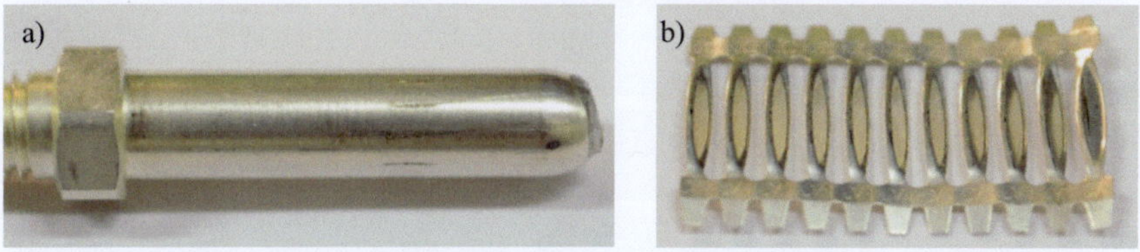


Bild 4-18: Verschleißbild nach 17,5 Mio. Versatzzyklen (FZ, $A = 60$ µm, $f = 62{,}5$ Hz)
a) Stecker; b) Kontaktlamelle abgerollt

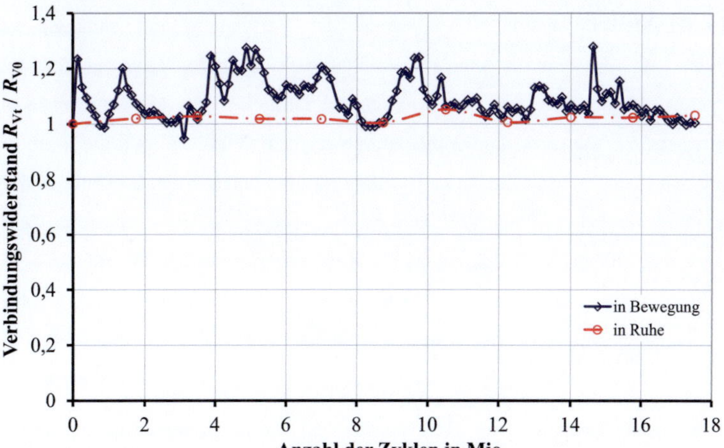


Bild 4-19: Verbindungswiderstände in Ruhe und während der Bewegung bei einer Versatzamplitude von $A = 60$ µm und einer Frequenz von $f = 62{,}5$ Hz (FZ)

# 5 Zusammenfassung

Bei Untersuchungen zum Langzeitverhalten elektrischer Verbindungen ist von großem Interesse, wie sich der Verbindungswiderstand abhängig von der Zeit ändert. Durch verschiedene Alterungsmechanismen kann der Verbindungswiderstand mit der Zeit größer werden, bis es schließlich zum Ausfall der Verbindung kommt. Einer dieser Mechanismen ist der Kraftabbau, bei dem die Verbindungskraft temperatur-, spannungs- und zeitabhängig kleiner wird. Insbesondere bei Steckverbindungen ist auch der Reibverschleiß ein wichtiger Alterungsmechanismus, bei dem die Kontaktflächen durch verschiedenartige Versatzbewegungen soweit beschädigt werden können, dass ein zuverlässiger Betrieb nicht mehr möglich ist.

Durch Langzeitversuche mit Modellanordnungen und Berechnungen mit dem FEM-Programm ANSYS wurde die relaxationsbedingte Alterung elektrischer Verbindungen mit CuBe2-Kontaktlamellen abhängig von der Temperatur und der Zeit untersucht. Das für die Berechnung des spannungsrelaxationsbedingten Kraftabbaus erforderliche FEM-Modell wurde durch gemessene Kraft-Weg-Kennlinien verifiziert. Es konnte festgestellt werden, dass die Reibung zwischen den Stegen der Kontaktlamellen und den Flächen der Kontaktträger einen großen Einfluss auf die gemessene Verbindungskraft hat. Im FEM-Modell können unterschiedliche Randbedingungen in Bezug auf Reibung und Eigenschaften der Kontaktträger berücksichtigt werden. Damit ist es möglich, die verschiedensten praktischen Einsatzfälle der Kontaktlamelle nachzubilden.

Mit der FE-Methode wurde die Abnahme der Verbindungskraft abhängig von der Anfangskraft und der Zeit bei den Temperaturen 90 °C und 115 °C für die Kontaktlamelle LAIA berechnet. Im Vergleich dazu wurden auf Grundlage der Messergebnisse aus den Langzeitversuchen die zeit- und temperaturabhängigen Verbindungskräfte auch mit der Extrapolationsmethode nach Larson und Miller bestimmt und mit den Ergebnissen der FEM-Berechnungen verglichen. Beide Verfahren zeigen im experimentell untersuchten Zeitbereich gute Ergebnisse; für große Zeiten ergeben sich jedoch Unterschiede. Allerdings ist dies bei beiden Berechnungsverfahren für große Extrapolationsverhältnisse durchaus zu erwarten. Die in den Langzeitversuchen gemessenen Verbindungswiderstände nehmen nach der für versilberte Verbindungsflächen typischen Formierungsphase einen stabilen Wert an.

Der Alterungsmechanismus des Reibverschleißes wurde exemplarisch an Hochstrom-Steckverbindern mit Kontaktlamellen des Typs LAIA untersucht. Dazu wurde eine Versuchsanordnung entwickelt, mit der Versatzbewegungen bis zu 10 mm bei Frequenzen bis zu 100 Hz realisiert werden können. Als Randbedingungen wurden Frequenzen bis zu 62,5 Hz (Periodendauer 16 ms, begrenzt durch die verwendete Messtechnik) und Versatzamplituden bis zu 400 µm gewählt, die bei Steckverbindern bisher noch nicht systematisch untersucht wurden. Es konnte festgestellt werden, dass im Bereich des Frettings, bei Versatzamplituden < 100 µm, kein signifikanter Reibverschleiß auftritt, da die Bewegung durch die Federwirkung der Kontaktlamellen zumindest teilweise aufgenommen wird. Wie groß die von außen eingeprägte Versatzamplitude sein kann, bis es zu gleitenden Verschiebungen in den Kontaktbereichen kommt, hängt vom Reibwert zwischen der Kontaktlamelle und den Kontaktpartnern ab. Beim Einsatz von Kontaktfett ist diese von außen einzuprägende Versatzamplitude, die zum Aufreißen der Kontaktbereiche notwendig ist, im Neuzustand deutlich kleiner als bei ungefetteten Steckverbindern.

Abhängig von der Vorbehandlung der Verbindungsflächen mit Kontaktfett führen im Bereich des Gleitverschleißes, also bei Versatzamplituden > 100 µm, unterschiedliche Reibverschleißmechanismen zum Ausfall der Steckverbinder. Bei ungefetteten Steckverbindern ist im Bereich des Gleitverschleißes die Adhäsion sehr stark ausgeprägt. Dies führt zu einem Durchreiben der Silberbeschichtungen nach wenigen tausend Versatzzyklen. Dagegen ist bei mit Kontaktfett geschmierten Steckverbindern bis zum Durchreiben der Oberflächenbeschichtungen zunächst ebenfalls die Adhäsion als vorrangiger Mechanismus wirksam, aber deutlich schwächer ausgeprägt. Der sich bildende Abrieb der Beschichtungen wird durch das Kontaktfett im Verbindungsbereich gebunden, so dass ein Übergang zur Drei-Körper-Abrasion erfolgen kann, und damit der Verschleiß stark zunimmt. Durch Oberflächenanalysen der untersuchten Steckverbinder mit einem optischen 3D-Mikroskop konnten diese Aussagen bestätigt werden.

Durch das Schmieren der Hochstrom-Steckverbinder mit Kontaktfett kann die bis zum Durchreiben der Oberflächenbeschichtungen notwendige Anzahl der Versatzzyklen vielfach erhöht werden. Wenn auf einem der Kontaktpartner die Silberschicht durchgerieben ist, erhöht sich der Verbindungswiderstand bei weiterer Belastung kontinuierlich aber nicht sprunghaft. Das Durchreiben der Beschichtungen wird nach den relevanten Normen bereits als Ausfall gewertet (vgl. DIN EN 61984:2009).

Prinzipiell ist ein erfolgreicher Einsatz von Kontaktlamellen in einem weiten Anwendungsbereich möglich. Durch Anwenden der in dieser Arbeit beschriebenen Erkenntnisse und Berechnungsmodelle können elektrische Verbindungen mit Kontaktlamellen zukünftig noch besser für große Belastungen ausgelegt werden.

# 6 Ausblick

In Steckverbindungen der Elektroenergietechnik mit Bemessungsströmen von mehreren tausend Ampere werden häufig Kontaktlamellen mit Funktionstrennung eingesetzt. Typischerweise bestehen diese Kontaktlamellen aus einem Trägerband aus Stahl, das die zum Verbinden von Stecker und Buchse notwendige Kontaktkraft nach dem Drehfederprinzip erzeugt, und Stegen aus Kupfer, die an diesem Trägerband durch Crimpen befestigt werden [52]. Damit können, durch die deutlich bessere elektrische Leitfähigkeit von Kupfer gegenüber Kupfer-Beryllium, größere Bemessungsströme für einen Kontaktlamellensteg erreicht werden. Wie das Langzeitverhalten dieser Kontaktlamellen mit Funktionstrennung im Vergleich zu den in dieser Arbeit untersuchten Kupfer-Beryllium-Kontaktlamellen ist, sollte in zukünftigen Arbeiten erforscht werden.

In den Langzeitversuchen zum Kraftabbau mit Modellanordnungen wurden bei den mit elektrischem Strom belasteten Proben Phänomene festgestellt, die auf unterschiedliche Temperaturen der Kontaktlamellen und den Druckplatten, und möglicherweise sogar in den Kontaktlamellen selbst, zurückführbar sind. Dieses Verhalten sollte in weiterführenden Arbeiten näher untersucht werden. Dazu wäre es denkbar, neben den elektrischen auch die thermischen Kontakt-/Verbindungswiderstände zu bestimmen, um so das ortsabhängige Erwärmungsverhalten elektrischer Verbindungen mit Kontaktlamellen abhängig vom Belastungsstrom berechenbar zu machen. Durch experimentelle Untersuchungen an Modellanordnungen könnten die Eingangsgrößen für die Berechnungsmodelle ermittelt und die Ergebnisse der Berechnungen verifiziert werden.

Die Versuchsanordnung für die Untersuchungen zum Reibverschleiß wurde in dieser Arbeit entwickelt und kann für weiterführende Themen genutzt werden. So wäre es möglich, weitere Parameter der Reibbelastungen zu variieren, beispielsweise den Einfluss unterschiedlicher Schmierstoffe und Oberflächenbeschichtungen zu untersuchen. Zudem sollten die in dieser Arbeit erreichten Erkenntnisse zum Reibverschleiß statistisch weiter abgesichert werden, um noch zuverlässigere Aussagen zur Lebensdauer elektrischer Steckverbindungen mit Kontaktlamellen bei unterschiedlichen Reibbelastungen treffen zu können.

# 7 Literaturverzeichnis

## Bücher

[1] Blumenroth, F.: Zum Langzeitverhalten von Steckverbindungen mit Schraubenfedern in Anlagen der Elektroenergietechnik. Dresden, Techn. Univ., Diss. Aachen: Shaker Verlag 2010. - ISBN 978-3-8322-9506-6

[2] Holm, R.: Electric Contacts. Fourth Edition Berlin, Heidelberg, New York: Springer-Verlag 1967 (Reprint 2000). - ISBN 3-540-03875-2

[3] Braunovic, M.; Konchits, V.: Myshkin, N.: Electrical Contacts. CRC Press 2007. - ISBN 978-1-57444-727-9

[4] Böhme, H.: Mittelspannungstechnik. 2. Aufl.: Verlag Technik 2005. - ISBN 3-341-01495-0

[5] Höft, H.: Elektrische Kontakte. Berlin: VEB Verlag Technik 1977

[6] Slade, P. G.: Electrical Contacts. NewYork, Basel: Dekker-Verlag 1999. - ISBN 0-8247-1934-4

[7] Kassmann Rudolphi, Å: Tribology of Electrical Contacts – Deterioration of Silver Coated Copper. Acta Univ. Ups., Comprehensive Summaries of Uppsala Dissertations from the Faculty of Science and Technology 187, 1996. - ISBN 91-554-3691-9

[8] Schröder, K.-H.: Werkstoffe für elektrische Kontakte und ihre Anwendungen. 2. Aufl.: Expert Verlag 1997. - ISBN 3-8169-1446-2

[9] Keil, A.; Merl, W. A.; Vinaricky, E.: Elektrische Kontakte und ihre Werkstoffe. Springer-Verlag 1984. - ISBN 3-540-12233-8

[10] Großmann, S.: Zur Gestaltung und zum Betriebsverhalten von Steckverbindern der Elektroenergietechnik. Dresden, Techn. Univ., Diss. 1988

[11] Meissner, M,; Schorcht, H.-J.: Metallfedern. 2. Aufl.: Springer-Verlag 2007. - ISBN 978-3-540-49868-1

[12] Schatt, W.; Worch, H.: Werkstoffwissenschaft. 8. Aufl. Stuttgart: Deutscher Verlag für Grundstoffindustrie 1996. - ISBN 3-342-00675-7

[13] Gottstein, G.: Physikalische Grundlagen der Materialkunde. 3. Aufl. Berlin, Heidelberg: Springer-Verlag 2007. - ISBN 978-3-540-71104-9

[14] Rösler, J.; Harders, H.; Bäker, M.: Mechanisches Verhalten der Werkstoffe. 2. Aufl.: Teubner Verlag 2006. - ISBN 978-3-8351-0008-4

[15] Hornberg, E.; Eggler, G.; Werner, E.: Werkstoffe - Aufbau und Eigenschaften von Keramik-, Metall-, Polymer- und Verbundwerkstoffen. 9. Aufl.: Springer Verlag 2008. - ISBN 3-540-71857-4

[16] Bürgel, R.: Handbuch Hochtemperatur-Werkstofftechnik. 3. Aufl.: Vieweg Verlag 2006. - ISBN 978-3-528-23107-1

[17] Hornbogen, E.; Warlimont, H.: Metallkunde - Aufbau und Eigenschaften von Metallen und Legierungen. 4. Aufl.: Springer Verlag 2001. - ISBN 3-540-67355-5

[18] Bargel, H.-J.; Schulze, G.: Werkstoffkunde. 8. Aufl. Berlin, Heidelberg, New York: Springer-Verlag 2004. - ISBN 3-540-66855-1

[19] Schlegel, S.: Langzeitverhalten von Schraubenverbindungen mit Stromschienen aus Reinkupfer in der Elektroenergietechnik unter besonderer Berücksichtigung der Temperatur. Technische Universität Dresden, 2011, Dissertation

[20] Kammer, C.: Aluminium-Taschenbuch Band 1: Grundlagen und Werkstoffe. 16. Aufl.: Aluminium-Verlag 2002. - ISBN 3-87017-274-6

[21] Davis, J. R.: Copper and Copper Alloys. ASM-International 2001. - ISBN 0-87170-726-8

[22] Göldner, H.; Holzweißig, F.: Leitfaden der Technischen Mechanik. 11. Aufl.: Fachbuchverlag Leipzig 1988

[23] Krause, W.: Grundlagen der Konstruktion. 8. Aufl. München, Wien: Carl Hanser Verlag 2002. - ISBN 3-446-22014-3

[24] Frost, H. J.; Ashby, M. F.: Deformation-Mechanism Maps, The Plasticity and Creep or Metals and Ceramics. Oxford: Pergamon Press 1982

[25] Stöckel, D.: Werkstoffe für elektrische Kontakte. 2. Aufl.: Expert Verlag 1984. - ISBN 3-88508-934-3

[26] Müller, G.; Groth, C.: FEM für Praktiker - Band 1: Grundlagen. 8. Aufl.: Expert Verlag 2007. - ISBN 978-3-8169-2685-6

[27] Czichos, H.; Habig, K.-H.: Tribologie-Handbuch. 3. Aufl.: Vieweg+Teubner Verlag 2010. - ISBN 978-3-8348-0017-6

[28] ASM Handbook Volume 18, Friction, Lubrication and Wear Technology, October 1992, ISBN 0-87170-380-7

[29] Archard, J. F.: Wear theory and mechanisms, in: Wear Control Handbook (Peterson, M. B. and Winer, W. O., Editors). New York: American Society of Mechanical Engineers, 1980, p. 35

**Zeitschriftenaufsätze**

[30] Larson, F.; Miller, J.: A Time-Temperature Relationship for Rupture and Creep Stresses. Trans. ASME, 74, 1952, Seiten 765-775

[31] Monkman, F. C.; Grant, N. J.: An Empirical Relationship Between Rupture Life and Minimum Creep Rate in Creep Rupture Tests. Proc. ASTM, Vol. 56, 1956, Seiten 593-605

[32] Groß, S.: Spannungsrelaxation von Kupferlegierungen. Metall 45, 11/1991, Seite 1108

[33] Pink, E.: Physical significance and reliability of Larson-Miller and Manson-Haferd parameters. Materials Science and Technology, Vol. 10, April 1994, Seiten 340-344

[34] Chakrabarti, D. J., Laughlin, D. E.; Tanner, L. E.: The Be-Cu (Beryllium-Copper) System. Bulletin of Alloy Phase Diagrams, Vol. 8, No. 3, 1987, Seiten 269-288

[35] Bonfield, W.; Edwards, B. C.: Precipitation hardening in Cu 1.81 wt % Be wt % Co. Journal of Materials Science, Volume 9, Number 3, 1974, Seiten 398-408

[36] Bögel, A.: Spannungsrelaxation in Kupferlegierungen für Steckverbinder und Federelemente. Metall 48, 11/1994, Seiten 872-876

[37] Silveira, V. L. A.; Porto, M. F. S.; Mannheimer, W. A.: Electroplastic effect in copper subjected to low density electric current. Scripta Metallurgica, Volume 15, Issue 8, August 1981, Seiten 945-950

[38] Silveira, V. L. A.; Fortes, R. A. F. O.; Mannheimer, W. A.: Modification of the dislocation substructure in copper during electroplastic treatment. Beitr. Elektronenmikroskop. Direktabb. Oberfl. (BEDO) 15, 1982, Seiten 217-221

[39] Sprecher, A. F.; Mannan, S. L.; Conrad, H.: On the mechanisms for the electroplastic effect in metals. Acta Metallurgica, Volume 34, Issue 7, Juli 1986, Seiten 1145-1162

[40] Kiryanchev, N. E.; Troitskii, O. A.; Klevtsur, S. A.: Electroplastic deformation of metals. Strength of Metals, Volume 15, Number 5, 1983, Seiten 709-715

[41] Kinder, J.; Fähnle, G.; Hafner, C.; Held, F.-J.: Ausscheidungsuntersuchungen an höherfesten und hochleitfähigen CuNi2Si-Legierungen - Teil 2: Spannungsrelaxation. Metall 60, 11/2006, Seiten 708-713

[42] Archard, J. F.: Contact and rubbing of flat surfaces. Journal of Applied Physics, Vol. 24 (1953), Seiten 981-988.

[43] Li, G.; Thomas, B. G.; Stubbins, J. F.: Modelling Creep and Fatique of Copper Alloys. Metallurgical and Materials Transactions, Volume 31A, 10/2000

[44] Lücke, N.; Großmann, S.; Löbl, H.; Ledermann, T.; Freudiger, G.: Untersuchungen zum Gleitverschleiß an Rundsteckverbindern mit Kontaktlamellen. Metall 64, 11/2010, Seiten 517-520

**Aufsätze in Tagungsbänden (Proceedings)**

[45] Braunovic, M.: Effect of electrical current on stress relaxation of aluminum wire conductors. Proceedings of 20th International Conference on Electrical Contacts, 19.-23. Juni 2000, Stockholm, Seiten 355-360

[46] Schedin, E.; Thuvander, A.; Henderson, P.; Sandberg, P.; Kamf, A.: Stress relaxation behaviour of connectors - development of simulation techniques. Proceedings of the Forty-Second IEEE Holm Conference on Electrical Contacts joint with the 18th International Conference on Electrical Contacts, 16.-20.09.1996, Chicago, Seiten 142-150

[47] Lücke, N.; Großmann, S.; Löbl, H.; Ledermann, T.; Freudiger, G.: Long-term behaviour of plug-in connectors with copper beryllium contact lamellas depending on stress relaxation. Proceedings of the 25th ICEC and 56th IEEE Holm Conference, 2010, Charleston, South Carolina, USA

[48] Blumenroth, F.; Lücke, N.; Schlegel, S.; Großmann, S.; Löbl, H.: Untersuchungen zum Langzeitverhalten von ruhenden Verbindungen in der Elektroenergietechnik. 20. Albert-Keil-Kontaktseminar, Karlsruhe 2009, VDE-Fachbericht 65, Seiten 187-197

[49] Gagnon, D.; Braunovic, M.; Masounave, J.: Effect of fretting amplitude on the friction behavior of electrical contact materials. Proceedings of the 51th IEEE Holm Conference, 2005, Seiten 186-195

[50] Gagnon, D.; Braunovic, M.: Fretting in copper-to-copper contacts under ac and dc current conditions. IEEE Transactions on Components and Packaging Technologies, 2001

[51] Kassman Rudolphi, Å.; Björkman, C.; Imrell, T.; Jacobson, S.: Conduction through Corrosion Films on Silver Plated Copper in Power Contacts. Proceedings of the 41th IEEE Holm Conference, 1995, Montréal, Canada

**Herstellerangaben**

[52] Multi-Contact AG: Multilam Technology – Das MC-Kontaktlamellen-Prinzip. 12/2009

[53] Lamineries Matthey SA: Kupfer-Beryllium-Legierungen - Technische Information - Vergleich der Eigenschaften

[54] Lamineries Matthey SA: Legierung Brush 25. Ausgabe 3.01, 2006/08

[55] Materion: Data Sheet - Alloy 25 (C17200) Strip. AD0068_0311, 2011

[56] Brush Wellmann: Guide to Copper Beryllium. AB0006/0607, 2007

[57] Brush Wellmann: Tensile Testing Copper Beryllium. Tech Briefs, Technical Service Department, AT0004/0899

[58] Harkness, J., Loewenthal, W., Clarence, L.: Atlas of Stress Relaxation Curves for Beryllium Copper and Selected Copper Alloy Spring Materials. Brush Wellmann, SR01/993

[59] Multi-Contact AG: 1 Power Line - Industrie-Steckverbinder. Rundsteckverbinder ungekapselt, einpolig, unisoliert, max. 6000 A. 06/2010

**Sonstiges**

[60] Microstructures of Copper Alloys – Beryllium Copper [Online]. http://www.copper.org/resources/properties/microstructure/be_cu.html (18.03.2010)

[61] Das interaktive Periodensystem der Elemente (PSE) [Online]. http://www.periodensystem.info (21.02.2012)

[62] SAS IP: Release 12.1 Documentation for ANSYS. 2009

[63] Deutsches Kupfer-Institut: Kupfer in der Elektrotechnik - Kabel und Leitungen. 03/2000

[64] Multi-Contact AG: News - März 1996

[65] H. Weidmann LTD: Weidmann Bulletin – January 1996

**Normen**

IEC/TR 60943:1998: Guidance concerning the permissible temperature rise for parts of electrical equipment, in particular for terminals

DIN 10002-1:2001: Metallische Werkstoffe - Zugversuch - Teil 1: Prüfverfahren bei Raumtemperatur

DIN EN 1654:1997: Kupfer und Kupferlegierungen - Bänder für Federn und Steckverbinder

DIN 50320:1979: Verschleiß; Begriffe, Systemanalyse von Verschleißvorgängen, Gliederung des Verschleißgebietes

DIN 51834-1:2010: Prüfung von Schmierstoffen - Tribologische Prüfung im translatorischen Oszillations-Prüfgerät - Teil 1: Allgemeine Arbeitsgrundlagen

DIN EN 61984:2009: Steckverbinder – Sicherheitsanforderungen und Prüfungen

DIN EN 61984 Berichtigung 1:2012: Berichtigungen zu DIN EN 61984:2009

VDI 3822:1999: Schadensanalyse; Schäden durch tribologische Beanspruchungen

ASTM G40 12: Standard Terminology Relating to Wear and Erosion

ASTM E328 – 02(2008): Standard Test Methods for Stress Relaxation Tests for Materials and Structures

# 8 Bild- und Tabellenverzeichnis

# 9 Zeichen und Benennungen

| | |
|---|---|
| $a$ | Radius eines Mikrokontakts (a-Spot); Regressionsparameter (Larson-Miller) |
| $A$ | Amplitude der Versatzbewegung |
| Ag | Silber |
| $A_{Is}$ | Isolierende Kontaktfläche |
| Al | Aluminium |
| $A_{QM}$ | Quasimetallische Kontaktfläche |
| $A_M$ | Metallische Kontaktfläche |
| $A_S$ | Scheinbare Kontaktfläche |
| $A_T$ | Mechanisch tragende Kontaktfläche |
| $A_w$ | Wirksame Fläche |
| $A_W$ | Wahre Kontaktfläche |
| $\alpha$ | Orientierungsdifferenz zwischen angrenzenden Kristalliten |
| $\alpha_{th}$ | Thermischer Längenausdehnungskoeffizient |
| $b$ | Regressionsparameter (Larson-Miller-Methode) |
| $\underline{\boldsymbol{b}}$ | Burgersvektor |
| $\boldsymbol{b}$ | Betrag des Burgersvektors |
| Be | Beryllium |
| $\underline{c}_{ijkl}$ | Tensor der elastischen Konstanten |
| $c_0$ | Sättigungskonzentration der Fremdatome im Wirtsgitter |
| $C$ | Konstante für das Norton-Kriechen bzw. der Larson-Miller-Methode |
| Co | Kobalt |
| Cu | Kupfer |
| CAD | Computer-Aided Design |
| $d$ | Durchmesser; mittlere Korngröße |
| $d_T$ | Teilchendurchmesser |
| $d_{Tm}$ | Teilchendurchmesser bei maximalem Härtungsbeitrag |
| $\mathrm{d}\varepsilon$ | Dehnungselement |
| $\mathrm{d}\ell$ | Längenelement |
| $D$ | Diffusionskoeffizient |
| $D_0$ | Diffusionskonstante |
| $D_{KG}$ | Diffusionskoeffizient für Selbstdiffusion entlang der Korngrenze |
| $D_V$ | Diffusionskoeffizient für Volumendiffusion |
| $\delta$ | Dicke der Korngrenze |

| | |
|---|---|
| $\Delta E$ | Energiedifferenz |
| $\Delta\rho_T$ | Temperaturabhängiger Anteil des spezifischen elektrischen Widerstands |
| $\Delta\rho_T$ | Anteil von Gitterstörungen am spezifischen elektrischen Widerstands |
| $\Delta h$ | Höhenänderung |
| $\Delta T$ | Temperaturdifferenz |
| $\Delta V$ | Volumenänderung |
| $E$ | Elastizitätsmodul; Energie |
| $E_T$ | Verfestigungskoeffizient |
| EDX | Energiedispersive Röntgenspektroskopie |
| $\varepsilon$ | Normaldehnung; technische Dehnung |
| $\varepsilon_0$ | Anfangsdehnung |
| $\varepsilon_{cr}$ | Kriechdehnung |
| $\varepsilon_{el}$ | Elastische Dehnung |
| $\varepsilon_{ges}$ | Gesamtdehnung |
| $\underline{\varepsilon}_{ij}(x,y,z)$ | Dehnungstensor |
| $\varepsilon_{ii}$ | Normaldehnungen |
| $\varepsilon_{ij}$, $\varepsilon_{ji}$ | Scherungen |
| $\varepsilon_{pl}$ | Plastische Dehnung |
| $\varepsilon_q$ | Querdehnung |
| $\varepsilon_t$ | Zeitabhängige Übergangsdehnung; Zeitabhängige Dehnung |
| $\varepsilon_w$ | Wahre Dehnung |
| $\dot{\varepsilon}$ | Kriechgeschwindigkeit; Verformungsrate; Kriechrate |
| $\dot{\varepsilon}_{II}$ | Stationäre oder sekundäre Kriech-/Verformungsgeschwindigkeit |
| $\dot{\varepsilon}_C$ | Verformungsrate nach dem Coble-Mechanismus |
| $\dot{\varepsilon}_{NH}$ | Verformungsrate nach dem Nabarro-Herring-Mechanismus |
| $\dot{\varepsilon}_V$ | Verformungsrate beim Versetzungskriechen |
| $f$ | Frequenz |
| $f_T$ | Teilchenhäufigkeit |
| $F$ | Kraft |
| $\underline{\boldsymbol{F}}_e$ | Vektor der Knotenkräfte |
| $F_K$ | Kontaktkraft |
| $F_{K0}$ | Anfangskontaktkraft |
| $F_{Ki}$ | Kontaktkraft eines Steges |
| $F_{KiN35}$ | Kontaktkraft eines Steges beim mittleren Spalt und Reibwert $\mu_r = 0,35$ |

| | |
|---|---|
| $F_{Kt}$ | Zeitabhängige Kontaktkraft |
| $F_m$ | Gewichtskraft des beweglichen Teils der Kraftmesseinrichtung mit Kugellager |
| $F_{max}$ | Maximal messbare Kraft des verwendeten Kraftaufnehmers |
| $F_N$ | Normalkraft |
| $F_o$ | Gewichtskraft des beweglichen Teils der Kraftmesseinrichtung |
| $F_R$ | Reibkraft |
| $F_R^{(G)}$ | Gleitreibkraft |
| $F_R^{(H)}$ | Haftreibkraft |
| $F_S$ | Schiebekraft |
| $F_{S0}$ | Schiebekraft im Ausgangszustand |
| $F_{SI}$ | Steckkraft |
| $F_{St}$ | Schiebekraft zum Zeitpunkt $t$ |
| $F_V$ | Verbindungskraft |
| $F_{V0}$ | Verbindungskraft im Ausgangszustand |
| $F_{VS0}$ | Verbindungskraft eines Steges im Ausgangszustand |
| $F_{VS600h}$ | Verbindungskraft eines Steges nach einer Zeit von $t = 600$ h |
| $F_{VSt}$ | Verbindungskraft eines Steges zum Zeitpunkt $t$ |
| $F_{VS0N}$ | Verbindungskraft eines Steges beim mittleren Spalt im Ausgangszustand |
| FEM | Finite-Elemente-Methode |
| FZ | Gefetteter Zustand (Rundsteckverbinder) |
| $\varphi_1$, $\varphi_2$ | Elektrische Potentiale |
| $G$ | Schubmodul |
| $\gamma$ | Scherung, Grenzflächenenthalpie |
| $h_0$ | Anfangshöhe |
| $H_K$ | Kontakthärte |
| $H_M$ | Materialhärte |
| $H_O$ | Oberflächenhärte |
| $H_P$ | Härte eines abrasiven Partikels |
| $h_S$ | Spalthöhe; Höhe der unbelasteten Kontaktlamelle |
| $h_{SN}$ | Mittlere Spalthöhe |
| $H_K$ | Kontakthärte |
| $H_S$ | Höhe/Dicke der Stahlschienen |
| hdP | Hexagonal dichteste Packung |
| $I$ | Elektrischer Strom |

| | |
|---|---|
| IACS | International Annealed Copper Standart |
| $j$ | Leerstellenstromdichte |
| k | Boltzmann-Konstante (k = 1,38066 · $10^{-23}$ J/K) |
| $k$ | Produkt Werkstoffeigenschaften (Ostwald-Reifung); Verschleißkoeffizient |
| kfz | Kubisch flächenzentriert |
| krz | Kubisch raumzentriert |
| $K$ | Kompressionsmodul; Kompressibilität; Verschleißkoeffizient |
| $\boldsymbol{K}$ | Gesamtsteifigkeitsmatrix |
| $\boldsymbol{K}_e$ | Elementsteifigkeitsmatrix |
| KZ | Koordinationszahl |
| $\ell$ | Länge; Hindernisabstand |
| $\ell_0$, $L_0$ | Anfangslänge |
| L | Liquidus |
| LAIA | Kontaktlamellentyp |
| $\lambda$ | Halber Hindernisabstand |
| $\lambda_{CuBe2}$ | Wärmeleitfähigkeit von CuBe2 |
| $\lambda_{Cu\text{-}ETP}$ | Wärmeleitfähigkeit von Cu-ETP |
| $\mu$ | Vertikale Achse einer Ellipse |
| $\mu_G$ | Gleitreibwert |
| $\mu_H$ | Haftreibwert |
| $\mu_R$ | Reibwert |
| $n$ | Spannungsexponent; Steganzahl |
| $\nu$ | Querkontraktionszahl; Poissonzahl |
| O | Sauerstoff |
| $\Omega$ | Volumen einer Leerstelle |
| $P$ | Wahrscheinlichkeit; Larson-Miller-Parameter |
| $p_i f_i$ | Volumenanteiliger spez. el. Widerstand bei zwei oder mehr intermetall. Phasen |
| $\varphi$ | Elektrisches Potential |
| PD | Packungsdichte |
| $Q_B$ | Aktivierungsenergie für die Leerstellenbildung |
| $Q_C$ | Aktivierungsenergie für das Norton-Kriechen |
| $Q_V$ | Versetzungsenergie |
| $Q_{VL}$ | Energie pro Längeneinheit einer Versetzung |
| $Q_W$ | Aktivierungsenergie für Platzwechselvorgang zwischen Leerstelle u. Atom |

| | |
|---|---|
| $r^{-1}$ | Maß für die Übergangszeit zwischen primärem und sekundärem Kriechen |
| $r_{Kugel}$ | Radius der unverformten Kugel (elastisch verformte Kontaktfläche) |
| $r_t$ | Radius der mechanisch tragenden Kontaktfläche |
| R | Allgemeine Gaskonstante (R = 8,314 J/(mol K)) |
| $R_E$ | Engewiderstand |
| $R_F$ | Fremdschichtwiderstand |
| $R_K$ | Kontaktwiderstand |
| $R_m$ | Mechanische Zugfestigkeit |
| $R_M$ | Materialwiderstand |
| $R_{p0,2}$ | Dehngrenze |
| $R_{Sh}$ | Ohm'scher Widerstand des Messshunts |
| $R_V$ | Verbindungswiderstand |
| $R_{V0}$ | Verbindungswiderstand im Ausgangszustand |
| $R_{VS0}$ | Verbindungswiderstand eines Steges im Ausgangszustand |
| $R_{VSE}$ | Verbindungswiderstand eines Steges abhängig vom Einfederweg |
| $R_{VSN}$ | Verbindungswiderstand eines Steges beim mittleren Einfederweg $s_{FN}$ |
| $R_{VSN0.15}$ | Verbindungswiderstand eines Steges (LAIA/0.15) beim mittl. Einfederweg $s_{FN}$ |
| $R_{VSt}$ | Verbindungswiderstand eines Steges zum Zeitpunkt $t$ |
| $R_{Vt}$ | Verbindungswiderstand zum Zeitpunkt $t$ |
| REM | Rasterelektronenmikroskop |
| $\rho$ | Spezifischer elektrischer Widerstand |
| $\rho_0$ | Spezifischer elektrischer Widerstand bei einer Temperatur von 0 °C |
| $\rho_F$ | Flächenbezogener Fremdschichtwiderstand |
| $\rho_V$ | Dichte beweglicher Versetzungen |
| $s$ | Weg, Gleitweg |
| $s_F$ | Einfederweg; Einfederung |
| $s_{FN}$ | Mittlerer Einfederweg |
| $S_0$ | Anfangsquerschnitt |
| $\sigma$ | Zugspannung; Normalspannung; technische Spannung |
| $\sigma_1$, $\sigma_2$, $\sigma_3$ | Hauptspannungen |
| $\sigma_a$ | Äußere Spannung |
| $\sigma_{FB}$ | Federbiegegrenze |
| $\sigma_i$ | Innere Spannung |
| $\sigma_{ii}$ | Normalspannungen |

| | |
|---|---|
| $\sigma_{ij}$ bzw. $\sigma_{ji}$ | Schubspannungen |
| $\underline{\sigma}_{ij}(x,y,z)$ | Spannungstensor |
| $\sigma_N$ | Normalspannung |
| $\sigma_{OR}$ | Orowan-Spannung (Normalspannung) |
| $\sigma_R$ | Restspannung |
| $\sigma_S$ | Schneidspannung |
| $\sigma_T$ | Reibungsspannung |
| $\sigma_V$ | Vergleichsspannung |
| $t$ | Zeit; Materialdicke |
| $t_F$ | Furchentiefe |
| $T$ | Absolute Temperatur, Periodendauer |
| $T_L$ | Liquidustemperatur |
| $T_m$ | Schmelztemperatur |
| $T_S$ | Solidustemperatur |
| TEM | Transmissionselektronenmikroskop |
| $\vartheta_B$ | Betriebstemperatur |
| $\vartheta_U$ | Umgebungstemperatur |
| $\tau$ | Schubspannung |
| $\tau_{OR}$ | Orowan-Spannung (Schubspannung) |
| $\underline{\boldsymbol{u}}_e$ | Vektor der Knotenverschiebungen eines Elementes |
| UZ | Ungefetteter Zustand (Rundsteckverbinder) |
| $v$ | Relativgeschwindigkeit (Reibverschleiß) |
| $\overline{v}$ | Mittlere Bewegungsgeschwindigkeit der Versetzungen |
| $v_m$ | Mittlere Relativgeschwindigkeit (Reibverschleiß) |
| $V$ | Versetzungslinie; Volumen |
| $V_C$ | Aktivierungsvolumen |
| $W_V$ | Verschleißvolumen |